博士论文
出版项目

论亲知

一个历史的和批判的考察

On Acquaintance

A Historical and Critical Investigation

章含舟　著

中国社会科学出版社

图书在版编目（CIP）数据

论亲知：一个历史的和批判的考察／章含舟著．—北京：中国社会科学出版社，2023.4（2023.12 重印）
ISBN 978-7-5227-1698-5

Ⅰ．①论…　Ⅱ．①章…　Ⅲ．①认知心理学—研究　Ⅳ．①B842.1

中国国家版本馆 CIP 数据核字（2023）第 052871 号

出 版 人　赵剑英
责任编辑　韩国茹
责任校对　谢　静
责任印制　张雪娇

出　　版　中国社会科学出版社
社　　址　北京鼓楼西大街甲 158 号
邮　　编　100720
网　　址　http://www.csspw.cn
发 行 部　010-84083685
门 市 部　010-84029450
经　　销　新华书店及其他书店

印　　刷　北京君升印刷有限公司
装　　订　廊坊市广阳区广增装订厂
版　　次　2023 年 4 月第 1 版
印　　次　2023 年 12 月第 2 次印刷

开　　本　710×1000　1/16
印　　张　14.25
插　　页　2
字　　数　201 千字
定　　价　88.00 元

出版说明

为进一步加大对哲学社会科学领域青年人才扶持力度，促进优秀青年学者更快更好成长，国家社科基金2019年起设立博士论文出版项目，重点资助学术基础扎实、具有创新意识和发展潜力的青年学者。每年评选一次。2021年经组织申报、专家评审、社会公示，评选出第三批博士论文项目。按照“统一标识、统一封面、统一版式、统一标准”的总体要求，现予出版，以飨读者。

全国哲学社会科学工作办公室

2022年

摘　　要

1903年，罗素在《数学的原则》的序言里首次提出了“亲知”概念。此后十余年间，“亲知”以及“由亲知而来的知识”成为罗素治学的核心。早期罗素对亲知理论倾注了巨大热情，赋予其基础性地位。值得指出的是，大部分学者尚未注意到亲知的基础性既是一种“语义学基础”，又是一种“认识论基础”。1921年前后，罗素的思想发生重大变化，他放弃了作为知识基础的亲知，并提出了“注意”模型来替代早年的亲知认识论，但是，与语义基础相关的亲知原则依然处于罗素的思想深处。

罗素之所以看重亲知，一方面源于其构建摹状词理论的需要，另一方面也离不开亲知本身的重要性。事实上，如果不拘泥于亲知“概念”，而是将其放在“观念”史的流变之中进行考察，那么我们就会发现亲知的历史悠久绵长。柏拉图、奥古斯丁、奥卡姆、霍布斯、笛卡尔、斯宾诺莎乃至康德，均从不同角度论及过亲知的观念，笔者将上述哲学家的相关思想界定为亲知概念的间接来源。当然，对罗素亲知理论起到决定性影响的学者，应该是格罗特、赫尔霍姆斯和詹姆斯，笔者将此类学者的相关理论划入亲知概念的直接来源。

看清了亲知的观念史地位之后，再回过头来审视罗素的理论工作，笔者便不禁要替罗素贸然摒弃亲知的认识论功效而感到惋惜。笔者将在第三章中，勾勒罗素亲知理论的轮廓，揭示亲知概念流变的过程，指出其替代方案的不足，以论证亲知为何值得我们进一步探索。

不过为了更好地构建亲知理论，了解其所遭遇的困难也是必不可少的。第四章中，笔者罗列了种种诘难亲知理论的批评意见。反对声既来自知名刊物的专门组稿，也有学者的单独著述。在笔者看来，所有围绕亲知而展开的指责其实可以汇聚为同一个问题意识——塞拉斯的“所与神话”批判，亦即亲知如果想成为知识，它就必须放弃直接性；如果亲知想保留直接性，那么它必将失去担当知识基础的职责。

一个站得住脚的亲知理论框架，必须能够应对塞拉斯带来的挑战。值得欣慰的是，当代不少亲知理论者已经给出了应对方案。第五章将考察富莫顿的非推论辩护和格特勒的内省辩护，这些亲知论者试图赋予亲知辩护职能，以回应塞拉斯设下的两难情境。然而上述学者的解决方案虽能逃脱塞拉斯的“所与神话”，却会重新陷入别的形式的“所与神话”之中，例如伯格曼为亲知论者设下了“内在主义两难”。索萨、波斯顿和巴兰蒂尼等学者的批评亦在不同程度上强化了新型的“所与神话”。笔者认为，此处需要引入麦克道的概念论。通过区分“直观意向性”“识别意向性”“判断意向性”，明确认知对象之于认知者的重要性，可以帮助亲知论者彻底摆脱各类“所与神话”的困扰。

除了非推论辩护之外，史密斯基于现象学传统阐发了一种索引型亲知理论。第六章将对该理论作批判的考察与相应的改造。尽管史密斯在概念使用上不甚严谨，容易跌入“所与神话”批判，但是从某种意义上看，其框架模型不仅能够与非推论辩护相兼容，而且更为可贵的是，史密斯主张的“现实性”限制条件能够帮助当代亲知论者在“可能世界”层面回应相关的指责。

在整合各路思想资源的基础上，笔者试图概括出一个尽可能完备的非推论辩护结构——认知者非推论地辩护了信念 P，当且仅当：（1）他亲知了事物 P，并且（1a）亲知不涉及判断意向性，（1b）亲知仅与直观意向性或识别意向性有关；（2）亲知了思想 P，并且（2a）思想 P 是事物 P 的实例化，（2b）思想 P 与事物 P 有着现实性的关联（尽管这个关联可能会出错）；（3）亲知了事物P与思想P之间的符合关系。

然而，第五章和第六章所提及的亲知，仅适用于非推论领域里的感觉亲知，虽然它既是最典范意义上的亲知，也是最难论证和刻画的亲知（罗素就在这个层面放弃了亲知的认识论构想）。笔者想强调的是，感觉亲知仅仅是亲知的一种形态。因为对亲知来说，真正的亲知“直接性”并不体现于“非推论性”，而是在于“第一手性”。第七章集中考察了亲知的“第一手性”与“非推论性”，论证了为什么前者优于后者。笔者认为，从“知识来源”（而非“知识类型”）的角度去刻画亲知，更有助于了解亲知的本性。据此立场，只要能够觉知到某一知识或某物，认知者便已经对该知识或事物形成了亲知。为了避免这一观点过于宽泛，无法区别于杂多、凌乱甚至是无意识的经验，笔者强调亲知必须围绕着“认知对象所蕴含的特征”，以及认知者的“认知目的”展开，并基于“第一手性”给出了新的亲知原则：“亲知是认知者基于认知目的，围绕着认知对象所蕴含的特征而形成的认知关系。”论证了“知识来源”的优先性之后，再来考察亲知内部的“知识类型”就显得水到渠成了。最后，笔者探讨了感觉亲知、命题知识和能力知识之间的交互过程。在证明感觉亲知基础性的同时，也描绘了亲知的现实运作无法离开命题知识与能力知识的协助。

关键词：亲知；由亲知而来的知识；推论；判断；意向性

Abstract

In 1903, Bertrand Russell firstly proposed the notion of "acquaintance" in the preface to *The Principles of Mathematics*. For more than a decade thereafter, "acquaintance" and "knowledge by acquaintance" became the core of Russell's philosophy. Early Russell devoted a great deal of enthusiasm to acquaintance theory and gave it a foundational status. It is worth pointing out that most philosophers have not yet noticed that the fundamental nature of acquaintance in Russell's texts is both semantical and epistemological. Around 1921, Russell's thinking changed significantly. He abandoned acquaintance as the foundation of knowledge and proposed the "noticing" model to replace the earlier epistemology of acquaintance, however, the principle of acquaintance concerning the semantic foundation still remained deeply in Russell's thinking.

The reason why Russell values acquaintance stems from the need to construct the theory of descriptions on the one hand, and the importance of acquaintance itself on the other hand. As a matter of fact, if one does not stick to the "concept" of acquaintance but examines it in the whole intellectual history of acquaintance "idea", then we will find that acquaintance goes back to ancient times. Plato, Augustine, Ockham, Hobbes, Descartes, Spinoza, and even Kant have all discussed the idea of an acquaintance from different perspectives, and I identify those thoughts mentioned above as the indirect sources of acquaintance. Whereas the philosophers who have a decisive influence on Russell's theory of acquaintance should be John Grote, Hermann von Helmholtz, and William James, and I consider the relevant theories provided by such scholars as the direct source of acquaintance.

After clearly seeing the status of the intellectual history of the acquaintance, and then looking back at Russell's theoretical work, we can not help but feel sorry for Russell's hastily abandoning the epistemological function of acquaintance. In the third chapter, I will draw the outline of Russell's theory of acquaintance, and reveal the process of acquaintance conceptual flux, and point out the deficiencies of its alternatives to demonstrate why acquaintance deserves further exploration.

However, in order to better construct acquaintance theory, it is also essential to understand the theoretical dilemmas that acquaintance encounters. In Chapter 4, I list the various criticisms to acquaintance theory. The dissenting voices have come from both special issues of well-known journals as well as individual writings by philosophers. In my view, all the accusations surrounding acquaintance could converge into the same consciousness of problems, namely, Wilfrid Sellars's critique of "the Myth of the Given", that is, if the acquaintance is considered as knowledge, it must abandon its directness; If acquaintance wants to retain the directness, it will certainly lose its role as the foundation of knowledge.

A tenable acquaintance framework must be able to meet the challenges set by Wilfrid Sellars. What is gratifying is that several contemporary acquaintance theorists have come up with responses. Chapter 5 examines both Richard Fumerton's non-inferential justification and Brie Gertler's introspective justification, which endow acquaintance with justification role in response to the Sellars's dilemma. However, the above-mentioned philosophers' solutions may escape from "the Myth of the Given" to some extent, but would inevitably plunge back into other forms of "the Myth and Given", for example, Michael Bergmann's "a dilemma for internalism". Criticisms from philosophers such as Ernest Sosa, Ted Boston, and Nathan Ballantyne also reinforces the new forms of myth to varying degrees. From my perspective, John McDowell's minimal empiricism needs to be introduced here. By distinguishing "intuitive intentionality," "recognizable intentionality," and "judgemental intentionality," and clarifying the significance of the object, we could help acquaintance theorists get rid of all kinds of criticism from "the Myths of the Given".

In addition to the non-inferential justification, David Woodruff Smith elucidates an indexical acquaintance theory from the phenomenological tradition. Chapter 6 presents a critical examination of Smith's acquaintance theory and its corresponding transformations. Since Smith is not very rigorous in the use of terminologies, his idea may easy to fall into the criticism of "the Myth of the Given", but in a sense, the theoretical model Smith provides, especially the "actuality" restriction, is not only compatible with non-inferential justification but more valuable to escaping from the objections from the "possible world".

Based on the integration of various thought resources, I summarize a most complete non-inferential justification structure so far: one has a non-inferentially justified belief that P, if and only if: (1) one is acquainted with thing P or property P, and (1a) his acquaintance does not involve judgmental intentionality, (1b) his acquaintance only related to intuitive intentionality or recognizable intentionality; (2) one is acquainted with thought P, and (2a) thought P is the instantiation of P, (2b) thought P and thing P have an actuality connection (although this connection could be wrong); (3) one is acquainted with the correspondence relationship between thing P and thought P.

The acquaintance referred to in chapters 5 and 6, however, applies only to a sensorial acquaintance in the non-inferential realm. To be honest, sensorial acquaintance is the most paradigmatic sense of acquaintance as well as the most difficult type to argue for or describe (Russell did abandon his epistemological construction of acquaintance at this level). I would like to emphasize that sensorial acquaintance is only one form of acquaintance. For acquaintance, the nature of "directness" of acquaintance is not "non-inferential" but "first-hand". In Chapter 7, I focus on the "first-handedness" and the "non-inference" and argue why the former is superior to the latter. In my opinion, it is more helpful to understand the nature of acquaintance by portraying it in terms of the "sources of knowledge" (rather than the "types of knowledge"). According to this position, as long as one can perceive something consciously, then he will form an acquaintance with such things. To avoid such a view being too broad, I emphasize that acquaintance should involve the "characteristics embedded in the object" and the "epistemic purpose of the subject", and then we could obtain a new principle of acquaintance based on "first-handedness": "acquaintance is the epistemic relationship formed by one's particular epistemic purpose aiming to characteristics embedded in the object." Having demonstrated the priority of "sources of knowledge", it is natural to look at the "type of knowledge" inside the acquaintance. At the end of the dissertation, I explore the process of interaction among sensorial acquaintance, propositional knowledge, and knowledge-how. While demonstrating the basics of acquaintance, I also describe that the actual operation of acquaintance can not be functioning well without the assistance of propositional knowledge and knowledge-how.

Key Words: acquaintance; knowledge by acquaintance; inference; judgment; intentionality

Contents

目　　录

Contents

第一章

导　　论

第一节　论题由来

“亲知”（acquaintance）以及“由亲知而来的知识”（knowledge by acquaintance）在人类知识系统中扮演着重要的角色。当我品尝了绍兴黄酒，我便拥有了相应的“亲知”。对于某位从未接触过黄酒的美国人，我所掌握的“由亲知而来的知识”要优越于他关于黄酒滋味的各类猜测。

亲知就像是“房间里的大象”（the elephant in the room）[①]，它发生于每个人的日常生活之中，却往往被视而不见。当代学者似乎不愿意浪费笔墨去勾勒这一过于平凡的知识现象。翻开近年来出版的知识论导论，抑或相关概念词条，我们能够迅速地找到亲知的介绍，但相关段落总是寥寥数百字收场，鲜见系统论述。例如，在《知识

---

① 此隐喻取自基泰（Eva Feder Kittay）。不过，基泰使用该隐喻是为了批评当代伦理学家忽视了“相互依存性”（interdependency），将这一虽然常见但却极为重要的概念排除出了政治与社会的相关讨论。在笔者看来，正相当于亲知之于认识论，相互依存性之于伦理学。原始论述可见：Eva Feder Kittay，“Dependency，Difference and the Global Ethic of Longterm Care，” *The Journal of Political Philosophy*，Vol. 13，No. 4，2005，p. 443.

论》（*Epistemology*）一书的开篇，菲尔德曼（Richard Feldman）颇为正式地将命题知识、亲知与能力知识概括为“知识的三种基本类型”[①]，可遗憾的是，亲知再也没有出现在后续章节里的任何一处。类似的情形亦发生于波伊曼（Louis P. Pojman）的《我们能知道什么：知识论导论》（*What Can We Know?: An Introduction to the Theory of Knowledge*）中，在强调知识可以三分为亲知、命题与能力[②]之后，波伊曼便只字不提亲知。

亲知的定义、特征乃至概念框架究竟为何，是当代主流认识论欠缺的核心问题意识。也许有人会质疑：“将‘亲知’输入国际期刊检索系统，会出现上百篇相关的哲学文献，怎么能说学界缺乏对亲知的关注呢?”对此，笔者想提醒的是，当前学界虽然也谈论亲知，但更多是将亲知视为解决其他哲学论题的工具，而非聚焦亲知概念本身。举例而言，为了说明“感受性质”（qualia），不少哲学家给出了“亲知假说”（acquaintance hypothesis）的方案，至于亲知本身究竟是什么，学者们给出的界定却往往言未尽意。郁振华准确地概括出了当代亲知理论所处的尴尬境遇：英美分析哲学更多是一种行行口惠[③]式地、礼节性地提及[④]亲知。

之所以形成如此局面，很大程度上归咎于亲知自身的含混性。哲学家们往往将亲知界定成一种“直接知识”，可是何谓“直接”，虽自柏拉图开始就已有讨论，但两千年来学者们众说纷纭，始终无法达成共识。甚至当我们将目光聚焦于某些专门研究亲知的哲学家的理论系统内部，也往往发现他们总在不同维度上把握亲知的直接性，缺乏一致标准。当代亲知理论的提出者罗素（Bertrand Russell）

---

① Richard Feldman, *Epistemology*, New Jersey: Prentice Hall, 2003, p. 11.

② Louis P. Pojman, *What Can We Know?: An Introduction to the Theory of Knowledge*, Belmont: Wadsworth, 2000, p. 2.

③ 郁振华：《人类知识的默会维度》，北京大学出版社 2012 年版，第 367 页。

④ 郁振华：《再论亲知——从罗素到凯农》，《华东师范大学学报》（哲学社会科学版）2010 年第 4 期，第 1 页。

就是典型代表。有时候，罗素会在“第一手”（first hand）的意义上界定亲知的直接性，以突显认知者与认知对象之间的无中介关系；而在另一些文本中，罗素也不排斥将“直接性”理解为“非推论”（non-inferential），此时的亲知可以等同于不掺杂认知判断的感觉知识。

这就导致了学者们看似在研究同一个理论对象，往复辩难、唇枪舌剑，最后却发现彼此之间鸡同鸭讲，理论预设、概念框架和学术传统都截然不同。这或许是当代学者虽然谈论亲知，却无法形成气候的主要原因之一。

然而，若想深刻地理解人类的知识系统，我们就必须明确亲知到底是什么。值得欣喜的是，近年来，许多学者意识到了亲知理论的重要性，“重建（renew）亲知”[①] 或“亲知复兴”（renaissance）[②] 的说法屡见不鲜。借着这股东风，笔者力图构建一套完整的亲知理论，它既有着独立的认识论地位，也能更好地帮助我们理解其他知识现象。

第二节　国内外研究综述

当代亲知理论研究呈现出一幅“全面开花”且“各自为政”的局面。说“全面开花”是因为尽管亲知在认识论中处于边缘地带，但它却是一个趁手的理论工具，凡是缺乏命题形式的暧昧认知状态，似乎都可以一股脑儿地归结为“亲知”。这就是为什么亲知会频频出现于知识论、意识哲学、心智哲学、语言哲学乃至美学之中。

---

① Brie Gertler, “Renewed Acquaintance,” in Declan Smithies, Daniel Stoljar, eds., *Introspection and Consciousness*, Oxford: Oxford University Press, 2012, pp. 93 – 128.

② Thomas Raleigh, “The Recent Renaissance of Acquaintance,” in Thomas Raleigh, Jonathan Knowles eds., *Acquaintance: New Essays*, Oxford: Oxford University Press, 2020, pp. 1 – 30.

说“各自为政”主要在于大部分学者并无意愿去构建一种融贯的亲知理论，他们满足于用亲知解决一些细枝末节的琐碎论题，并不关心自己的论证起始于何处，是否能与其他版本的亲知理论相兼容。于是在亲知领域里形成了各执一词的局面，学者们反复重提亲知，却难以形成重叠共识，甚至会在不少场合彼此误导。

在此，笔者先大致勾勒一番亲知理论所触及的各个话题，至于细节的讨论，将在正文中逐一展开。

一　罗素亲知理论概览

现代意义上的亲知理论肇始于罗素。他于1903年的《数学的原则》（*The Principles of Mathematics*）中首次提出亲知[①]，并在《论指谓》（“On Denoting”）一文里正式运用亲知来处理哲学难题[②]。后续二十年间，罗素有意识地提升了亲知的理论地位——从早年将其视为摹状词理论的辅助，到1911年起开始精心构建基于亲知的知识论。在此阶段，罗素的目光逐渐从“亲知”转向了“由亲知而来的知识”。1911年，罗素发表《由亲知而来的知识与由摹状而来的知识》（“Knowledge by Acquaintance and Knowledge by Description”）一文[③]，细致地刻画了“由亲知而来的知识”，随着小册子《哲学问题》（*The Problems of Philosophy*）[④]的畅销，亲知以及由亲知而来的知识开始享誉学界内外。1913年夏天，罗素着手构造一种“基于亲知的知识论”。遗憾的是，罗素生前未能完成此书的写作，在修改多

---

① Bertrand Russell, *The Principles of Mathematics*, New York: W. W. Norton & Company, 1903, p. xv.

② Bertrand Russell, “On Denoting,” *Mind*, Vol. 14, No. 56, 1905, pp. 479 – 493.

③ Bertrand Russell, “Knowledge by Acquaintance and Knowledge by Description,” *Proceedings of the Aristotelian Society*, Vol. 11, 1911, pp. 108 – 128.

④ Bertrand Russell, *The Problems of Philosophy*, New York, Oxford: Oxford University Press, 1912 (1997).

次无果后，他尘封了手稿，只是于1913—1915年将部分章节发表于《一元论者》（*The Monist*）、《亚里士多德学会学刊》（*Proceedings of the Aristotelian Society*）等知名刊物。直至1984年，两位罗素研究专家以《知识论：1913手稿》（*Theory of Knowledge*：*The 1913 Manuscript*）为题将手稿编辑出版①，我们才得以从中感受到罗素早年的理论雄心。

随着论理的层层递进，罗素逐渐意识到亲知理论中潜在的诸多困境，其顾虑在1919年《逻辑原子主义哲学》（"The Philosophy of Logical Atomism"）的系列论文中初见端倪②，并最终于1921年的著作《心的分析》（*The Analysis of Mind*）中达到顶峰③。此后，罗素决绝地告别了亲知的知识论计划，转而用行为主义的因果理论来理解感觉经验，其中晚期的知识论巨著《关于意义与真理的探究》（*An Inquiry into Meaning and Truth*）和《人类知识》（*Human Knowledge*）的索引里已寻觅不到亲知的词条了。值得注意的是，尽管罗素放弃从知识论的角度探索亲知，却依然承认亲知的语义学功能，这一点在其晚年回忆录《我的哲学发展》（*My Philosophical Development*）④ 里有所体现。

二 亲知的历史性回溯

许多人曾误以为亲知是罗素的“发明专利”，其实不然。尤其是当我们将视域置于整个西方哲学史的脉络之中，就会发现相当多的哲学家已经对亲知作出了精彩的论述。

---

① Bertrand Russell, *Theory of Knowledge*: *The 1913 Manuscript*, London; New York: Routledge, 1913 (1992).

② Bertrand Russell, "The Philosophy of Logical Atomism," *The Monist*, Vol. 28, No. 4, 1918, pp. 495 - 527.; Vol. 29, No. 1, 1919, pp. 32 - 63; Vol. 29, No. 2, 1919, pp. 190 - 222; Vol. 29, No. 3, 1919, pp. 345 - 380.

③ Bertrand Russell, *The Analysis of Mind*, London: Routledge, 1921 (2005).

④ Bertrand Russell, *My Philosophical Development*, New York: Simon and Schuster, 1959.

根据笔者考证，格罗特（John Grote）[①] 与赫尔霍姆斯（Hermann von Helmholtz）[②] 是最早明确界定亲知的学者。亲知的“现象性”和“熟悉性”、亲知与命题（语句）之间的区别等种种当代亲知论域中的核心问题意识均在他们的文本中有所体现。詹姆斯（William James）在此脉络下延续了这两位学者的亲知论主张，并积极地将亲知融入心理学的论域之中。[③] 20 世纪初，詹姆斯的这些工作引起了罗素的注意。

倘若我们不拘泥于罗素提出的亲知概念，而是放宽视野，寻找与亲知相似的哲学观念，那么柏拉图的回忆理论与感觉理论、奥卡姆[④]、笛卡尔[⑤]、斯宾诺莎[⑥]和康德[⑦]笔下的“直观”均可视为广义上的亲知。亲知与摹状之间的概念区分，也能从奥古斯丁[⑧]和霍布斯[⑨]的著述中寻觅到。亲知自始至终都是西方哲学家们津津乐道的论题。

罗素 1920 年访华，掀起了一股不小的“罗素热”，当时不少

---

① John Grote, *Exploratio Philosophica*, Cambridge: Cambridge University Press, 1865 (1900).

② Hermann von Helmholtz, "The Recent Progress of The Theory of Vision," in Morris Kline ed., *Popular Scientific Lectures*, New York: Dover Publications, 1868 (1962), pp. 93 - 185.

③ William James, *William James Writings (1878 - 1899) Psychology: Briefer Course*, New York: The Library of America, 1992.

④ William Ockham, "On the Notion of Knowledge or Science," in *Philosophical Writings: A Selection*, trans. by Philotheus Boehner, New York: The Bobbs-Merrill Company, 1964, pp. 1 - 19.

⑤ Rene Descartes, "Rules for the Direction of the Mind," in John Cottingham, Robert Stoothoff, Dugald Murdoch eds., *The Philosophical Writings of Descartes (Volume I)*, New York: Cambridge University Press, 1985, pp. 9 - 78.

⑥ ［荷］斯宾诺莎：《伦理学》，贺麟译，商务印书馆 1997 年版。

⑦ ［德］康德：《纯粹理性批判》，邓晓芒译，杨祖陶校，人民出版社 2010 年版。

⑧ Augustine, "The Teacher," in *Augustine: Earlier Writings*, trans. by J. H. S. Burleigh, Kentucky: Westminster John Knox Press, 2006, pp. 64 - 101.

⑨ Thomas Hobbs, *Leviathan*, New York: Oxford University Press, 1996.

知名的知识分子积极地介入翻译和讨论中来，这股热情甚至一直持续到现在。截至目前，笔者共收集到 20 种“acquaintance”的译法（其中包括 3 种日语的汉字 + 平假名译法），以及 11 种“knowledge by acquaintance”的译法。它们分别是：“亲”“亲验”“亲历”“接洽”“习见”“认识”“认知”“识知”“相知”“相识”“熟悉”“熟知”“熟识”“了解”“直接知”“直接相识”“见知”“面识”“亲知”“亲识”。这些翻译所折射出的差异，是汉语（日语）学者对“acquaintance/knowledge by acquaintance”本性的不同理解。

三　围绕亲知而展开的种种诘难

罗素提出亲知理论后，反对之声就不绝于耳，学者们不遗余力地抨击亲知概念的合法性。概括地说，众多批评主要围绕着“直接性”与“基础性”展开。

就直接性而言，希克斯（G. Dawes Hicks）①、艾杰尔（Beatrice Edgell）②、布罗德（C. D. Broad）③ 等学者指出，亲知不足以帮助我们形成感觉知识。认知者得调度亲知以外的辨识、比较、区分或拣选等认知能力，方能使事物呈现于心灵之前。此外，亲知的“对象”也是一个颇为模糊的概念——艾杰尔反对感觉材料截然地独立于认

① G. Dawes Hicks, “The Nature of Sense-Data,” *Mind*, Vol. 21, No. 83, 1912, pp. 299 – 409; “The Basis of Critical Realism,” *Proceedings of the Aristotelian Society*, Vol. 17, 1916, pp. 300 – 359; “I: by G. Dawes Hicks: Is There ‘Knowledge by Acquaintance’?” *Proceedings of the Aristotelian Society*, Supplementary Volumes, Vol. 2, 1919, pp. 159 – 178.

② Beatrice Edgell, “The Implications of Recognition,” *Mind*, Vol. 27, No. 106, 1918, pp. 174 – 187; “III: by Beatrice Edgell: Is There ‘Knowledge by Acquaintance’?” *Proceedings of the Aristotelian Society*, Supplementary Volumes, Vol. 2, 1919, pp. 194 – 205.

③ C. D. Broad, “IV: by C. D. Broad: Is There ‘Knowledge by Acquaintance’?” *Proceedings of the Aristotelian Society*, Supplementary Volumes, Vol. 2, 1919, pp. 206 – 220.

知者的心灵，艾耶尔（A. J. Ayer）借用“眼冒金星”的案例质疑了内省对象的存在①，布莱特曼（Edger Sheffield Brightman）认为“自我”这类亲知对象缺乏逻辑基础②。

对亲知最为致命的打击莫过于否定亲知的基础性。希克斯与休斯（G. E. Hughes）③ 较早地指出：亲知无法胜任知识基础的地位。普莱斯（H. H. Price）④ 设计了“斑点母鸡”的思想实验，指出了视觉经验不能与外部事实相匹配。齐硕姆（Roderick Chisholm）⑤ 延续了普莱斯的思路，进一步指出经由亲知而来的感觉命题必然是模糊不清的，难以担起知识基础之责。塞拉斯视感觉材料理论为“所与神话”，并通过论述知识的“可信性”（credibility），尖锐地指出：单独的感觉亲知无法为其自身赋予辩护合法性。此外，不仅感觉亲知存在着棘手之处，甚至关于性质共相和关系共相的亲知也存在着同样的“所与神话”结构，梅耶斯（Robert G. Meyers）⑥ 就此论题出发，给出了与塞拉斯相近的批评意见。戴维森（Donald Davidson）⑦ 在“所与神话”批判的基础上，更为精准地说明了亲知是一种感觉的因果说明，不具备知识辩护的职能，彻底地瓦解了亲知的认识论构想。

---

① A. J. Ayer, *The Foundations of Empirical Knowledge*, London: Macmillan, 1940.

② Edger Sheffield Brightman, “Do We Have Knowledge-by-Acquaintance of the Self?” *The Journal of Philosophy*, Vol. 41, No. 25, 1944, pp. 694 – 696.

③ G. E. Hughes, “Ⅱ by G. E. Hughes Symposium: Is There Knowledge by Acquaintance?” *Proceedings of the Aristotelian Society*, Supplementary Volumes, Vol. 23, 1949, pp. 91 – 110.

④ H. H. Price, “Reviewed Works: *The Foundations of Empirical Knowledge* by Alfred J. Ayer,” *Mind*, Vol. 50, No. 199, 1941, pp. 280 – 293.

⑤ Roderick Chisholm, “The Problem of Speckled Hen,” *Mind*, Vol. 51, No. 204, 1942, pp. 368 – 373.

⑥ Robert G. Meyers, “Knowledge by Acquaintance: A Reply to Hayner,” *Philosophy and Phenomenological Research*, Vol. 31, No. 2, 1970, p. 295.

⑦ Donald Davidson, “A Coherence Theory of Truth and Knowledge,” in *Subjective, Intersubjective, Objective*, Oxford: Clarendon Press, 1983, p. 143.

四　亲知与知识辩护

为了更好地回应各类反对意见，富莫顿（Richard Fumerton）①延续了罗素亲知理论对“非推论性”（non-inferential）的强调，创造性地提出了亲知的非推论辩护结构（non-inferential justification structure），也即（1）亲知真值制造者（truth maker）；（2）亲知真值承载者（truth bearer）；（3）亲知真值制造者和真值承载者之间的一致关系（correspondence relation）。在富莫顿看来，非推论辩护在保证亲知的直接性、截断认知和概念的无限回溯的同时，还能担当为知识奠基的职责，从而回避了塞拉斯与戴维森等学者的诘难。查尔默斯（David Chalmers）②、格特勒（Brie Gertler）③、哈桑

---

① 富莫顿是当代亲知理论的旗手人物，关于亲知的研究非常之多，至少应当参考如下文献：Richard Fumerton，*Metaphysical and Epistemological Problems of Perception*，Lincoln；London：University of Nebraska Press，1985；*Metaepistemology and Skepticism*，Lanham，Md.：Rowman & Littlefield Publishers，1995；“Classical Foundationalism，” in Michael R. DePaul ed.，*Resurrecting Old-Fashioned Foundationalism*，Lanham，Md.：Rowman & Littlefield Publishers，2002，pp. 3 – 20；“Speckled Hens and Objects of Acquaintance，” *Philosophical Perspectives*. Vol. 19，2005，pp. 121 – 138；*Epistemology*，Malden，MA.：Blackwell Publishing，2006；“Epistemic Internalism，Philosophical Assurance and the Skeptical Predicament，” in Thomas M. Crisp，Matthew Davidson，David Vander Laan eds.，*Knowledge and Reality*：*Essays in Honor of Alvin Plantinga*，Netherlands：Springer，2006，pp. 179 – 192；“Markie，Speckles，and Classical Foundationlism，” *Philosophy and Phenomenological Research*，Vol. 79，No. 1，2009，pp. 207 – 212；“Luminous Enough for a Cognitive Home，” *Philosophical Studies*，Vol. 142，2009，pp. 67 – 76；“Poston on Similarity and Acquaintance，” *Philosophical Studies*，Vol. 147，2010，pp. 379 – 386；*Knowledge*，*Thought*，*and the Case for Dualism*，New York：Cambridge University Press，2013.

② David Chalmers，*The Conscious Mind*，New York：Oxford University Press，1995；“The Content and Epistemology of Phenomenal Belief，” in Quentin Smith，Aleksandar Jokic eds.，*Consciousness*：*New Philosophical Perspectives*，Oxford；New York：Oxford University Press，2004，pp. 220 – 272；*The Character of Consciousness*，New York：Oxford University Press，2010.

③ Brie Gertler，*Self-Knowledge*，New York：Routledge，2011；“Renewed Acquaintance，” in Declan Smithies and Daniel Stoljar eds.，*Introspection and Consciousness*，Oxford：Oxford University Press，2012，pp. 93 – 128.

(Ali Hasan)[①] 与德波 (John M. DePoe)[②] 积极地响应富莫顿的号召，从各个角度巩固和精细化了富莫顿的主张，并且在一定程度上回应了伯格曼 (Michael Bergmann)、索萨 (Ernest Sosa)、波斯顿 (Ted Poston) 和巴兰蒂尼 (Nathan Ballantyne) 等学者所设置的各类新型"所与神话"。

五 亲知与索引经验

除了非推论辩护之外，亦有当代学者从现象学角度切入论域。史密斯 (David Woodruff Smith)[③] 在系列著述中，阐发了一种"索引型亲知理论"。在细致地梳理和比较了以弗雷格 (Gottlob Frege) 为首的知觉内容"内在主义"，以及克拉克 (Romane Clark)[④] 和巴克 (Kent Bach)[⑤] 所主张的知觉内容"外在主义"之后，史密斯采取了

---

① Ali Hasan, "Internalist Foundationalism and The Sellarsian Dilemma," *Res Philosophica*, Vol. 90, No. 2, 2013, pp. 171 – 184.

② John M. DePoe, "Bergmann's Dilemma and Internalism's Escape," *Acta Analytica*. Vol. 27, No. 4, 2012, pp. 409 – 423.

③ 史密斯是另一位系统论述亲知的学者，不过其治学进路更偏现象学，与富莫顿差异较大，具体可参考：David Woodruff Smith, "The Case of the Exploding Perception," *Synthese*, Vol. 41, 1979, pp. 239 – 269; "Indexical Sense and Reference," *Synthese*, Vol. 49, 1981, pp. 101 – 127; "The Realism in Perception," *Noûs*, Vol. 16, No. 1, 1982, pp. 42 – 55; "What's the Meaning of 'This'," *Noûs*, Vol. 16, No. 2, 1982, pp. 181 – 208; "Husserl on Demonstrative Reference and Perception," in Hubert L. Dreyfus ed., *Husserl, Intentionality, and Cognitive Science: Recent Studies in Phenomenology*, Massachusetts Institute of Technology Press/Bradford Books, 1982, pp. 193 – 241; "Is This a Dagger I See Before Me?" *Synthese*, Vol. 54, 1983, pp. 95 – 114; "Content and Context of Perception," *Synthese*, Vol. 61, 1984, pp. 61 – 87; "The Ins and Outs of Perception," *Philosophical Studies*, Vol. 49, No. 2, 1986, pp. 187 – 211; *The Circle of Acquaintance: Perception, Consciousness, and Empathy*, Dordrecht; Boston; London: Kluwer Academic Publishers, 1989.

④ Romane Clark, "Sensuous Judgments," *Noûs*, Vol. 7, No. 2, 1973, pp. 45 – 56; "Acquaintance," *Synthese*, Vol. 46. No. 2, 1981, pp. 231 – 246.

⑤ Kent Bach, "De Re Belief and Methodological Solipsism," in Andrew Woodfield ed., *Thought and Object: Essays on Intentionality*, Oxford: Clarendon Press, 1982, pp. 121 – 151.

整合内在主义和外在主义的“兼容论”态度，将亲知建基于兼容论之上。需要说明的是，由于问题意识不同，史密斯并没有思考其理论是否会落入“所与神话”的批判之中，但在《亲知的循环：知觉、意识与移情》（*The Circle of Acquaintance*：*Perception*，*Consciousness*，*and Empathy*）一书中，他颇具新意地将亲知论题融入进了“可能世界”的模态语义学领域，并运用“现实性”（actuality）限制条件，把外在于认知者的认知对象牢牢地与亲知经验捆绑在一起。对于合理阐释亲知与外部对象之间的关系而言，史密斯的理论给人启示良多。

六　亲知与感受性质

亲知的直接性主要体现于感觉层面。感觉与语言之间的关系在何种意义上有所差异，是当代心智哲学中的重要论题。费格尔（Herbert Feigl）最先将此论题提了出来[①]，杰克逊（Frank Jackson）设计的“黑白玛丽”[②] 思想实验进一步激活了该问题意识。随后，丘奇兰德（Paul M. Churchland）在多篇文章中指出：亲知不同于语言表征，是理解感受性质的专门认知方式。此立场被学界称为“亲知假说”（acquaintance hypothesis）[③]，以此区别于尼米罗（Lurance

---

① Herbert Feigl, *The "Mental" and the "Physical"*: *The Essay and a Postscript*, Minneapolis: University of Minnesota Press, 1967 (1958).

② Frank C. Jackson, "Epiphenomenal Qualia," *Philosophical Quarterly*, Vol. 32, 1982, pp. 127 - 136.

③ Paul M. Churchland, "Reduction, Qualia, and the Direct Introspection of Brain States," *The Journal of Philosophy*, Vol. 82, No. 1, 1985, pp. 8 - 28; "Knowing Qualia: A reply to Jackson (with Postscript: 1997)," in Peter Ludlow, Yujin Nagasawa, Daniel Stoljar eds., *There's Something About Mary*: *Essays on Phenomenal Consciousness and Frank Jackson's Knowledge Argument*, Cambridge, Mass. Massachusetts Institute of Technology Press, 2004, pp. 163 - 178.

Nemirow)① 和刘易斯（David Lewis)② 所主张的"能力假说"（ability hypothesis），也即用想象、记忆和识别这类"能力"去刻画感受性质。柯内（Earl Conee）完善了亲知假说，论证了能力对于理解感受性质而言"既非充分也非必要"③，比格洛和帕吉特（John Bigelow and Robert Pargetter)④ 呼应了柯内的工作，进一步维护了亲知理论在感受性质论题中的地位。

七 亲知与审美判断

当代学界，一批英国经验美学家延续着早期罗素的主张，并将亲知理论，尤其是亲知原则，置于审美经验的领域里进行讨论。托梅（Alan Tormey)⑤ 与利文斯顿（Paisley Livingston)⑥ 反思了亲知原则的适用对象。他们认为，审美者不仅能亲知作品原品，还能对那些拥有着与原品一致特征的"适足替代品"（adequate surrogate）产生亲知，也就是说，在审美判断的领域里，亲知原则的适用面更

---

① Lurance Nemirow, "Review of *Mortal Question* by Thomas Nagel," *The Philosophy Review*, Vol. 89, No. 3, 1980, pp. 473 – 477; "Physicalism and The Cognitive Role of Acquaintance," in W. G. Lycan ed., *Mind and Cognition: A Reader*, Oxford: Blackwell, 1990, pp. 490 – 519; "So This is What it's Like Defense of the Ability Hypothesis," in Torin Alter, Sven Walter eds., *Phenomenal Concepts and Phenomenal Knowledge: New Essays on Consciousness And Physicalism*, New York: Oxford University Press, 2007, pp. 32 – 51.

② David Lewis, "What Experience Teaches," in T. O'Connor, D. Robb eds., *Philosophy of Mind: Contemporary Reading*, London and New York: Routledge, 2003 (1981), pp. 467 – 490.

③ Earl Conee, "Phenomenal Knowledge," in Peter Ludlow, Yujin Nagasawa, Daniel Stoljar eds., *There's Something About Mary: Essays on Phenomenal Consciousness and Frank Jackson's Knowledge Argument*, Cambridge, Mass. Massachusetts Institute of Technology Press, 2004 (1994), pp. 197 – 216.

④ John Bigelow and Robert Pargetter, "Acquaintance with Qualia," *Theoria*. Vol. 61, 1990, pp. 129 – 147; "Re-Acquaintance with Qualia," *Australasian Journal of Philosophy*, Vol. 84, No. 3, 2006, pp. 335 – 378.

⑤ Alan Tormey, "Critical Judgment," *Theoria*, Vol. 39, 1973, pp. 35 – 49.

⑥ Paisley Livingston, "On an Apparent Truism in Aesthetics," *British Journal of Aesthetics*, Vol. 43, No. 3, 2003, pp. 260 – 278.

广。巴德（Malcolm Budd）①、霍普金斯（Robert Hopkins）②、罗伯逊（Jon Robson）③、敏斯基（Aaron Meskin）④ 以及哥尼斯堡（Amir Konigsberg）⑤ 考察了亲知与陈词（一种摹状知识）之间的关系，力图揭示两者的效力边界。洛佩斯（Dominic McIver Lopes）⑥ 与威廉姆斯（Christopher Williams）⑦ 将目光聚焦于亲知能否传递，这一问题意识在某种程度上补充了亲知和移情的关系。之所以要强调亲知与审美经验的研究视角，是因为这场讨论很好地暴露了亲知是一个含混且被广为混用的概念。特别是"第一手性"与"非推论性"之间不加区分地使用，可以折射出当前学者始终没有清晰地认识到亲知的本性究竟为何。

第三节　研究进路与研究方法

上述研究成果从不同角度与维度展开，把亲知理论内部错综复杂的关系呈现了出来。在汲取各派专长的基础上，笔者致力于为亲知提供一个统一的理论框架。

---

① Malcolm Budd, "The Acquaintance Principle," *British Journal of Aesthetics*, Vol. 43, No. 4, 2003, pp. 386 – 392; *Aesthetic Essays*, New York: Oxford University Press, 2008.

② Robert Hopkins, "How to Form Aesthetic Belief: Interpreting the Acquaintance Principle," *Postgraduate Journal of Aesthetics*, Vol. 3, No. 3, 2006, pp. 85 – 99.

③ Jon Robson, "Appreciating the Acquaintance Principle: A Reply to Konigsberg," *British Journal of Aesthetics*, Vol. 53, No. 2, 2013, pp. 237 – 245.

④ Aaron Meskin and Jon Robson, "Taste and Acquaintance," *Journal of Aesthetics and Art Criticism*, Vol. 73, No. 2, 2015, pp. 127 – 139.

⑤ Amir Konigsberg, "The Acquaintance Principle, Aesthetic Autonomy, and Aesthetic Appreciation," *British Journal of Aesthetics*, Vol. 52, No. 2, 2012, pp. 153 – 168.

⑥ Dominic McIver Lopes, "Aesthetic Acquaintance," *Modern Schoolman*, Vol. 86, No. 3 – 4, 2009, pp. 267 – 281.

⑦ Christopher Williams, "Aesthetic Judgment, Acquaintance and Testimony: A Reply to Lopes," *Modern Schoolman*, Vol. 86, No. 3 – 4, 2009, pp. 283 – 288.

笔者认为，亲知作为直接知识，其本质特征是“第一手性”，也即认知者与认知对象的亲密关系。亲临现场观摩一幅画作、亲自阅读一本书籍、亲手制作一个陶艺作品，均为亲知，它们分别是亲知在感觉、命题和能力方面的体现。

在所有亲知里，感觉亲知最具代表性和典范意义，因此笔者将主要的研究精力投入其中。概括地说，在此方面，笔者主要采用了三条研究进路：首先，就证成感觉亲知的合法性而言，笔者主要采用了当代亲知论者的非推论辩护结构。该结构由富莫顿提出，旨在回应“所与神话”批判。三十余年间，富莫顿的策略得到了查尔默斯、格特勒、哈桑和德波等学者的拥护。笔者最终得出的证成方案，也是以非推论辩护为蓝本的。其次是麦克道（John McDowell）的最小经验论进路。真值制造者（事物或属性）与真值承载者（命题或思想）之间的相符关系，是当代亲知论者始终未能妥善处理的阿喀琉斯之踵，其症结在于他们未能很好地界定何谓“意向性”。此时有必要引入麦克道的思想资源，尤其是麦克道围绕着“直观”与“判断”所展开的精彩论述，很好地帮助我们区分出“直观意向性”“识别意向性”“判断意向性”，使亲知理论真正地走出了“所与神话”。最后，史密斯的索引式亲知进路也值得我们注意。他基于现象学传统，将亲知置于内在主义（心理内容之上）和外在主义（外在对象之上）的争论之中，并给出了独具匠心的兼容论策略。在应对“可能世界”反驳时，史密斯灵活地运用了“现实性”（actuality）限制条件，避免了单一亲知可能匹配不同可能世界的麻烦，更好地揭示了外物如何牢牢地与认知者锁定在一起。上述三条进路熔冶于一炉，便能成功地说明感觉亲知何以可能。

然而，感觉亲知仅仅体现了知觉直接性，或曰“非推论性”，它既未彰显所有类型的“直接性”，也没说明“非推论性”该如何与“第一手性”相兼容。基于此问题意识，笔者建议，我们不妨尝试雷卡纳蒂（François Recanati）的“心理档案”（mental files）进路。雷卡纳蒂将亲知视为“认知增益”（epistemologically rewarding）关系：

认知者利用其与认知对象所处的特定关系而获得了认知有效信息，即可判定他亲知了相应的认知对象。可见，真正能够断定亲知本质属性的并非知觉层面的非推论性，而是认知者与认知对象亲密无间的“第一手性”。“心理档案”很好地揭示了亲知的“非推论性”该如何臣服于“第一手性”。与此同时，该模型还能进一步拓展出去，论述感觉亲知、命题知识和能力知识怎样共同构筑人类的知识系统。

第四节　章节安排

本章导论之后，正文将开始于第二章，也即探索亲知理论的思想来源。其中既有宽泛意义上的间接来源，比如柏拉图、奥古斯丁、霍布斯等学者的观点；又有格罗特、赫尔霍姆斯和詹姆斯的相关论述，笔者认为，从文本来源和论证相似性的角度来看，罗素无疑借鉴了格罗特或赫尔霍姆斯的观点，因此我将他们界定为亲知理论的直接来源。之所以要进行亲知理论的观念溯源，不仅是出于学术史的需要，更是因为上述学者的许多观点成功地预示了亲知论题的未来走向。与此同时，笔者根据罗素文本中关于“acquaintance/knowledge by acquaintance”的特征，考察了该词在中日文里的 20 种对应翻译，指出了为什么“亲知/由亲知而来的知识”的翻译是最佳的。

在交代亲知理论的观念渊源后，笔者将介绍罗素如何提出、构建、放弃以及秘而不宣地维持最低限度的亲知，此为第三章的内容。根据笔者的理解，罗素的亲知理论可以分为两种不同的理论构想，即“作为语义学基础的亲知”和“作为认识论基础的亲知”。前者是我们理解命题词项的途径，提出于 1903 年；后者则为人类认识带来确定性，该观点虽在 1904 年的手稿中有所提及，但真正的系统阐发是在 1911 年以后。不过，“作为认识论基础的亲知”引起了不少异议，因而 1921 年以后，罗素放弃了亲知，转而引用自然科学（行为主义）的方式来研究亲知，提出了“注意”模型。需要注意的是，罗素虽然放弃了“作为认识论基础的亲知”，却依然保留了“作为语义学基础的亲知”，这一点在其晚年治学回忆里有所印证。

罗素对于自己放弃亲知的原因提及得并不多，他主动承认的理由有两个：其一，1921 年以后，罗素的形而上学立场开始导向中立一元论，在他看来，认知主体是一个应当被抛弃的不必要预设，相应地，建基于主体理论之上的亲知也无法自圆其说；其二，亲知混淆了“感觉行动”与“感觉对象”。笔者认为，上述两点理由虽然成立，却过于单薄，尚不足以推翻整个亲知理论。遗憾的是，罗素却没有意识到这一点，相反，他贸然地放弃了亲知的认识论构建，也并未细致思考相关学者的批评意见。所以在第四章，笔者仔细地考察了学者们的诸种诘难，此乃发展亲知理论的必要途径。尽管百余年间涌现了众多异议，但在笔者看来，所有的批评都可汇聚成“所与神话”批判，也即亲知无法在“直接性”与“基础性”这两个特征中求得平衡。

第五章主要考察当代亲知论者避免“所与神话”的努力，比如富莫顿的非推论辩护，以及格特勒的内省辩护，他们的宗旨是：在不失去亲知直接性的情况下，为亲知赋予认知辩护的形式。然而，包括伯格曼、索萨、波斯顿和巴兰蒂尼在内的学者进一步提出了批评，论证亲知论者无法自洽地勾连“世界”与“心灵”，也即真值制造者与真值承载者之间的相符关系。当代亲知论者在这方面处理得确实还不能令人满意，因而笔者引入了麦克道的最小经验论，通过区分“直观意向性”“识别意向性”“判断意向性”，明确了认知对象对于亲知的重要性，以期帮助亲知论者摆脱各类新型的“所与神话”。

除了非推论辩护之外，还有一条探讨亲知的现象学传统，也即史密斯的索引型亲知理论。在第六章中，笔者对史密斯理论作了批判的考察和相应的改造。尽管史密斯在概念使用上不甚严谨，如果我们贸然借用其概念，容易跌入“所与神话”批判，但是从某种意义上看，其框架模型不仅能够与非推论辩护相兼容，而且更为可贵的是，史密斯主张亲知的“现实性”限制条件可以帮助当代亲知论者在“可能世界”层面回应相关的指责。在整合各路思想资源的基础上，笔者试图概括出一个尽可能完备的非推论辩护结构，认知者非推论地辩护了信念P，当且仅当：（1）他亲知了事物P，并且（1a）亲知不涉及判断意向性，（1b）亲知仅与直观意向性或识别意向性有关；（2）亲知了思想P，并且（2a）思想P是事物P的实例化（instantiation），（2b）思想P与事物P有着现实性的关联（尽管这个关联可能会出错）；（3）亲知了事物P与思想P之间的符合关系。

第五章和第六章所提及的亲知，适用于非推论领域里的感觉亲知，它是最典范意义上的亲知，也是最难论证和刻画的亲知，罗素正是在这个层面放弃了亲知的认识论构想。笔者想强调的是，感觉亲知仅仅是亲知的一种形态。因为对亲知来说，真正的亲知“直接性”，并不体现于“非推论性”，而是在于“第一手性”。

第七章集中考察了亲知的“第一手性”与“非推论性”之间的关系，论证了为什么前者优于后者。笔者认为，“第一手性”彰显的是“知识来源”，从“知识来源”，而非“知识类型”的角度去刻画亲知，更有助于了解亲知的本性。据此立场，我们可以获得一个颇为激进的结论——只要能够觉知到某一知识或某物，认知者便已经对该知识或事物形成了亲知。为了避免这一观点过于宽泛，笔者强调亲知必须围绕着“认知对象所蕴含的特征”，以及认知者的“认知目的”展开，为此，笔者倡导如下亲知原则：“亲知是认知者基于认知目的，围绕着认知对象所蕴含的特征而形成的认知关系。”在论证了“知识来源”的优先性之后，再来考察亲知内部的“知识类型”就显得水到渠成了。最后，笔者探讨了感觉亲知、命题知识和能力知识之间的交互过程。在证明亲知基础性的同时，也描绘了亲知的现实运作无法离开命题知识与能力知识的协助。

第二章

亲知观念溯源

“亲知”是罗素早期哲学中的重要概念，虽未达到“言必称亲知”的程度，却也是其各类著述中的高频词汇。无论是理解语言命题的意义，还是探寻知识的本性，罗素都赋予了亲知极高的地位。布莱克维尔（Kenneth Blackwell）与伊马斯（Elizabeth Ramsden Eames）根据麦克马斯特大学罗素档案馆中的罗素手稿考证，罗素原计划在1913年写一部五百页左右的知识论论著①，该书分为“分析”与“建构”上下两卷。在“分析”部分，罗素拟用整整九章讨论亲知理论，并将此概念贯穿于后面的“原子命题思想”和“分子命题思想”之中。尽管此书稿并未在罗素生前出版，却也足见亲知之于早期罗素哲学的重要性。

任何精深的思想都不会是空穴来风，亲知理论也不例外。遗憾的是，对于亲知概念的具体来源，罗素本人谈及得并不多，以至于

① Kenneth Blackwell and Elizabeth Ramsden Eames, “Russell's Unpublished Book on Theory of Knowledge,” *Russell*: *The Journal of Bertrand Russell Studies*, Vol. 19, 1975, pp. 8 - 10. 需要说明的是，这部知识论著作并未在罗素生前出版。1983年，经过布莱克维尔和伊马斯的整理编辑，罗素生前未发表的知识论手稿以《知识论：1913手稿》（*Theory of Knowledge*: *1913 Manuscript*）为题出版。遗憾的是，该著作仅涉及罗素原初计划中的“分析”部分，且仅收录了“亲知”和“原子命题思想”两部分，共计16章。至于“分子命题思想”和“构建”部分，并未出现在发表文献中。

很多人都将亲知视为罗素的发明。然而事实并非如此。事实上，亲知概念早在19世纪60年代，也即罗素着手研究亲知理论的四十年前，就已经由美国哲学家格罗特和德国物理学家赫尔姆霍斯率先提出。两位先驱的观点影响了包括詹姆斯在内的诸多知名学者。尽管罗素未曾在任何著述中引述过格罗特和赫尔霍姆斯的亲知理论，但我们还是能从罗素文本的字里行间中感受到两位学者的思想踪迹。此外，罗素明确地在1915年的论文中引用了詹姆斯关于亲知概念的讨论。因此，笔者将格罗特、赫尔霍姆斯以及詹姆斯的相关思想界定为亲知理论的直接来源。

如果不聚焦于作为严格哲学“概念”的亲知，而是专注于与亲知相关的、较为宽松的哲学“观念”，那么我们便会发现亲知贯穿于哲学史的脉络之中。柏拉图、奥古斯丁、奥卡姆、笛卡尔、霍布斯、斯宾诺莎乃至康德，这一系列显赫的哲学家都曾论述过宽泛意义上的亲知。笔者将此类思想资源视为亲知理论的间接来源。

在中国，亲知亦有着悠久的传统。两千年前，墨子就在《经上》篇中将“知”划分为“闻”“说”“亲”三类，并以“身观焉，亲也”的方式来刻画亲知的本性。不过，考虑到本文是围绕着罗素的亲知理论而展开的，笔者就不在文本中过多地牵扯墨子及相关的墨学研究。相较墨子的亲知理论，笔者更为关心的是：在中文语境中，究竟是谁最早将罗素“acquaintance”一词译为“亲知”的？是否还存在着其他的翻译方式？何种翻译更能凸显罗素的真正用意？一言以蔽之，罗素的“acquaintance”理论是如何被中文学界接受的？

根据笔者考证，民国学者瞿世英于1920年最早将“acquaintance”译为“亲知”。是年正值罗素访华，在中国掀起了不小的“罗素热”，潘功展、袁弼和黄凌霜也贡献了不少翻译“acquaintance”一词的后备选项。值得一提的是，日本学者在译介罗素思想时，大多会借用中文搭配着日文平假名的方式来翻译“acquaintance”与“knowledge by acquaintance”，因而日本学界的译法对于中文学界的亲知研究有着一定的助益，笔者会在下文引用参考。统计下来，截至今日，就“acquaintance”而言，中文学界（包括日语汉字+假名组合）共有20种翻译方式，“knowledge by acquaintance”一词的对应翻译也有11种之多。

第一节 亲知概念的直接来源

一 “亲知”是否为罗素的原创?

学界普遍认为，“亲知”与“摹状”（description）的概念区分是罗素的首创。其实早在19世纪60年代，也就是罗素提出亲知理论的四十年前，就已经有学者明确地指出这两类知识的种类差异了。

之所以形成了“罗素首创了亲知”这一误解，其原因在于：一方面，亲知与罗素的摹状词理论（theory of description）的关联相当紧密，以致不少研究者将亲知视为摹状词理论的辅助理论；另一方面，我们或许可以将此归咎于罗素的行文风格。尽管罗素原创性强且笔耕不辍，但他并不是很注意引注规范，以致几乎没有交代亲知/摹状、由亲知而来的知识/由摹状而来的知识（knowledge by description）的出处。我们只能在其1915年的论文《感觉与想象》（“Sensation and Imagination”）中粗略地看到，罗素援引了少许詹姆斯《心理学原则》（*Principles of Psychology*）中的亲知观点。

但事实上，詹姆斯在论述亲知时，曾直接指出了自己“亲知的知识”（knowledge of acquaintance）与“关涉的知识”（knowledge about）的区分源自美国哲学家格罗特①，如果罗素充分地了解詹姆斯关于亲知的所有论述，并从中汲取养分，那么他就应当注意到被詹姆斯所引用的格罗特思想。

---

① William James, *William James Writings (1878 - 1899) Psychology: Briefer Course*, New York: The Library of America, 1992, p. 1178. 在格罗特和詹姆斯那里，“关涉的知识”是通过判断与命题而表达出的知识，其实质与罗素“由摹状而来的知识”没有太大的差异。

还有一个较弱的证据也能证明罗素的观点并非空穴来风。如果我们仔细阅读罗素的小册子《哲学问题》中的第四章《观念论》（“Idealism”），就会发现罗素援引了法语和德语的经验语言事实，来证明不同语言系统中存在着亲知与摹状的区分，此做法与格罗特1865年的著作《哲学探索》（*Exploratio Philosophica*）里的相关段落非常相似。我们先看罗素的论述：

> 此处，“知道”一词存在着两种意义。（1）第一种用法：它可以应用于那些与错误相对的知识，也即“我们所知道的皆为真”（what we know is true）。同时，它也可以应用于我们的信念与确信，也即所谓的判断之中。在语词这一层面，我们说的“知道某物”便是此意，这类知识可以被描述为真理的知识；（2）上面提及的第二种“知道”的用法：该词应用于关于事物的知识，我们将其命名为亲知。我们所谓知晓感觉材料，便是在这个层面上说的（此区分大约对应于法语中的“savoir”和“connaître”，德语中的“Wissen”和“Kennen”）。①

接着，我们来比照格罗特的观点：

> 我们可以从两个角度来思考知识，或者换句话说，以两种方式来谈论知识的“对象”。也即，我在使用这一语词时，我们要么“知道一个物或人”，要么我们知道“此物此人是如此这般的”。一般来说，根据这一正确的逻辑直觉，我们可以将这两种知识的概念的应用区分为：γνῶναι、noscere、Kennen与connaître，以及另一类εἰδέναι、scire、Wissen和savior。根本上来说，前者就是我之前所谈及的“现象性”（phenomenal）概

---

① Bertrand Russell, *The Problems of the Philosophy*, New York & Oxofrd: Oxford University Press, 1912 (1997), p.44.

念——作为对某事物的亲知或熟悉的知识（knowledge as acquaintance or familiarity with what is known）。此概念与现象性的身体交流更为相似，相较另一种知识，缺少了些许纯粹理智的成分。这类知识在感觉中将事物呈现出来，或者说，借助图像或表象（vorstellung）的方式来加以表征。另一类需要我们借助判断或命题的形式来表达的知识，则寓居于概念（begriffe）之中，并不需要任何想象性的表征（imaginative representation）。从根本上来看，这是一种更为理智性的知识。①

对比罗素和格罗特的相关段落，我们至少能够发现两者的如下两点共识：其一，他们均认为存在着（针对不同认知对象的）两种知识类型——关于事物的知识只能通过亲知而获得，关于语言的知识更偏理智，需要借助概念和判断；其二，格罗特和罗素都意识到在不同的语言系统之中，这两类知识也有着不同的表达方式，法语中的connaître与savior②，以及德语中的Kennen与Wissen（格罗特甚至还意识到了希腊语中的γνῶναι与εἰδέναι、拉丁语中的noscere与scire）。

无疑，罗素与格罗特在亲知理论方面，体现出了极强的亲缘性。以至于帕斯莫（John Passmore）视格罗特为剑桥哲学精神的第一位范例③，格罗特关于亲知的论述也成为后继剑桥哲学家们（帕斯莫此处特指摩尔与罗素）所津津乐道的话题。

当然，只要罗素没有亲口承认亲知的理论来源，我们就没有直

---

① John Grote, *Exploratio Philosophica*, Cambridge: Cambridge University Press, 1865 (1900), p. 60.

② 在法语里，“connaître”大多与“亲知”和“理解”相关涉；相应地，“savior”则体现为一种“积极认知”（positive cognition），往往是经验性的、事实性的、理论性的和科学性的知识。见Gérard Simon, “‘Knowledge,’ *savoir*, and *epistêmê*,” in Barbara Cassin ed., *Dictionary of Untranslatables: A Philosophical Lexicon*, Princeton and Oxford: Princeton University Press, 2014, p. 275。

③ John Passmore, *A Hundred Years of Philosophy*, Harmondsworth: Peguin Books Ltd., pp. 52 - 53.

接证据来证明罗素的观点源于格罗特。上述文本之间的互证也只是给出了一种理解亲知概念发生史的可能性而已。不过笔者认为，我们依然有充分的理由介绍格罗特的亲知理论，不仅因为格罗特最早在现代意义上提出了亲知，更为重要的是，他甚至指明了亲知理论得以发展的正确方向，也即一种以认知对象为导向的亲知观。此洞见曾出现于罗素早年的论述中，却在随后的文本里被逐渐淡忘。因此，现在是时候将格罗特的观点呈现出来了。

二　格罗特论亲知

对格罗特而言，亲知作为（as）知识，体现为认知者对其所知事物的熟悉之感。在格罗特的概念语汇中，"事物"特指"物自体"（thing in itself）。[①] 这也是为什么诸如希克斯和老塞拉斯（Roy Wood Sellars）[②] 等实在论者将格罗特视为实在论者先驱的原因。当认知者的认知活动发生之时，认知者所亲知的是外部实在的世界，而非认知者自身产出的观念。笔者认为，这是格罗特亲知理论中最具价值的第一个论断，因为他明确地将"外在事物"视为界定知识类型的核心标准。

应当注意到，在术语使用方面，格罗特与罗素虽有共性，却并不完全一致。最为明显的证据莫过于格罗特并没有倡导"knowledge by acquaintance"的术语，而是采用了"knowledge of acquaintance"。尽管两个概念的差别仅体现于衔接"knowledge"与"acquaintance"之间的介词究竟为"of"还是"by"，但笔者认为其中义理差异是明显的。从构词上来看，如果我们使用了介词"of"，那么这在无形中

---

① John Grote, *Exploratio Philosophica*, Cambridge: Cambridge University Press, 1865 (1900), p. 61.

② Roy Wood Sellars, *Critical Realism: A Study of The Nature and Conditions of Knowledge*, Chicago; New York: Rand McNally, 1916, p. 258. 本书会涉及两位塞拉斯：Roy Wood Sellars 与 Wilfrid Sellars。其中，前者是后者的父亲。笔者将前者译为"老塞拉斯"，而后者则为"塞拉斯"，以示区别。

认可了“acquaintance”本身就是一种知识。对于这一点，格罗特本人是承认的。前面提到，“亲知的知识”不同于“关涉的知识”，前者是基于身体感官而形成的，以现象性的方式呈现（presentation）于认知者的意识之前，其理智性较弱；后者则借助概念、判断和命题的方式出现，带有强烈的理智倾向，是一种反思性的表征（representation）。由于亲知的知识不像关涉的知识那样摄入过多的认知加工，或曰“心灵重构的积极力量”（active power in the mind of recomposing）①，因而具有了认知者与认知对象之间的直接性（immediatcness）。但是格罗特补充到，虽然亲知到的事物直接呈现于认知者的意识之前，但这类亲知的知识也存在着少许理智性的反思成分。换句话说，我们不可能获得最极端意义上的、纯粹的感官经验，如果有的话，那此类经验或许也不会被认知者所觉知到，因而也就算不上知识，不能称之为“亲知的知识”。借用迈克当劳（Lauchlin McDonald）的概括，在格罗特的语境中，“直接知识有着最小意义上的反思”②。这也就解释了为什么虽然亲知强调直接性，其自身却依然可以算作一种知识。

笔者认为，这是值得当代亲知论者借鉴的第二个论断。格罗特关于亲知以及亲知的知识的理解，很好地说明了衡量认知“直接性”的标准在于认知活动中的积极或消极成分，并且即使是感官里的亲知经验，也存在着小部分的主动反思。这些观点是一种具有希望和潜力的亲直观所必备的。

三 赫尔姆霍斯论亲知

赫尔姆霍斯是19世纪著名的物理学家和生理学家，与格罗特一样，他也意识到了亲知知识与摹状知识的区别。只不过赫尔

① John Grote, *Exploratio Philosophica*, Cambridge: Cambridge University Press, 1865 (1900), p. 119.

② Lauchlin McDonald, *John Grote: A Critical Estimate of His Writings*, Netherlands: The Hague, 1966, p. 167.

姆霍斯是德国人，因而其使用的术语是“Kennen”与“Wissen”。为了统一术语，我们将前者译为“亲知”，将后者译为“摹状”。

赫尔姆霍斯的概念区分是否也像罗素那样，受到了格罗特的影响呢？笔者的答案是：或许没有。一方面，在赫尔姆霍斯参考的资料中，我们无法寻觅到格罗特的著述；另一方面，赫尔姆霍斯在其重要课程讲稿《视觉理论的近期发展》（“The Recent Progress of the Theory of Vision”）中提及了亲知，而这份讲稿的正式出版时间是1868年（非正式课程讲稿只会更早），几乎与格罗特于1865年出版的《哲学探索》相重合。19世纪的学术交流并不如当今这般便利，因此我们可以合理地推断：长居德国的赫尔姆霍斯似乎没有注意到，在距离自己五千公里之外的美国，格罗特也于同一时间从事着类似的概念构建工作。

钦佩这些杰出学者总能共享许多精深的理论直觉的同时，我们也应当注意到赫尔姆霍斯亲知理论的独到之处。在赫尔姆霍斯的语境里，亲知是我们经由具体的肌肉神经，或是有意识地驱动自身肢体（limbs）而获得的关于认知对象本身的直接知识。有意思的是，在论述亲知时，赫尔姆霍斯强调了“有能力做某件事”（其德语概念是können），或是理解了“如何做某事”（其德语概念是verstehen），也属于亲知的范畴。换言之，能力知识是亲知的一个种类。这点是格罗特的亲知论所不具备的。

此外，赫尔姆霍斯还着重勾勒了亲知知识与摹状知识的交互关系。按他的话来说，亲知拥有“最高程度的确定性（certainty）、准确性（accuracy）和精确性（precision）”，“是任何摹状知识所远远比不上的”[①]。但由于上述清晰或准确性仅体现于认知者对于认知对象的感知中，也即“现象的熟悉性”，无法通过语词或概念来表达，

① Hermann von Helmholtz, “The Recent Progress of The Theory of Vision,” in Morris Kline ed. *Popular Scientific Lectures*, New York: Dover Publications, 1868 (1962), p. 179.

抑或是表达了也不能穷尽，因而亲知在科学理论层面总是伴随着“无法定义”、“模糊”和“不完全的意识”（half-conscious）这类私人感受标签。直觉、无意识推理（unconscious ratiocination）、感觉理智性（sensible intelligibility）以及模糊指示（obscure designations）均是亲知的具体表现。相应地，摹状知识能够克服亲知知识的局限，使得人类的经验得以超越个人体验的藩篱，在人群和代与代之间传播、保存和持续验证，从而具备稳定性和普遍性。但两类知识都是心灵运作的必要方式，不可以随意用其中一方去替代另一方。

四　詹姆斯论亲知

詹姆斯参考过格罗特与赫尔姆霍斯的论著，因而其亲知理论也在一定程度上受到了两位学者的影响。当然，詹姆斯同样有着自己的创新。

不同于格罗特和赫尔姆霍斯，詹姆斯将“关涉的知识”划入知觉范畴，并指出知觉的功能在于形成“关于”事物的知识，相应地，亲知则发生于感觉层面，是“指向”事物的。① 由于感觉和知觉都以呈现外部实在世界的事物为导向，因而它们都是直接的。与亲知相反，思想与概念在呈现外物时，不会借助这类物理的（physical）或客观的（objective）方式来感觉或知觉外物，其与事物之间的关系是间接的。

从认知活动的分类上看，詹姆斯与罗素关于亲知的理解其实并不相同，因为罗素语境下的许多亲知功能，其实是由詹姆斯所说的知觉完成的。但罗素依然认可了詹姆斯对亲知的某些论述，因为在罗素看来，詹姆斯对亲知的阐释给出了感觉的内在特性（intrinsic character of sensation）②，明确了亲知的功能是将事物中的“赤裸的

① William James, *The Principles of Psychology*, New York: Dover Publications, 1890, p. 3.

② Bertrand Russell, "Sensation and Imagination," *The Monist*, Vol. 25, No. 1, 1915, p. 42.

直接本性”（bare immediate nature）以殊相的方式呈现给认知者，而殊相恰恰是早期罗素用以构建知识论的重要亲知对象。

第二节　亲知概念的间接来源

倘若我们不聚焦于罗素所论及的“acquaitance/knowledge by acquaitance”这一“概念”，而是将视野泛化到与之相关的“观念”，比如“直接知识”“感觉知识”，抑或是“自明知识”，那么我们就会发现在整个西方哲学史的发展历程中，（观念意义上的）亲知始终扮演着重要角色。

一　“亲知”作为真知的必要条件

柏拉图曾论述过不少与亲知相近的观念。在系列文本里，柏拉图始终秉持着物理对象和理念对象的区分，前者处于变化不居的流动之中，并不为知识所关心；相反，那些无法感知的、清晰的、纯粹的、不变的“真实的性质”或“真实的存在”，才最值得人们去探索。[《斐多》（*Phaedo*）65e2、66a5 和 79d1 –5］对于物理对象而言，人类只能依靠感官来把握，无法给予我们真正的知识，因为由感官而产生的感觉、欲望和情感始终是模糊的，它们总是与错觉、幻觉、疯狂和梦境挂钩。[《斐多》65b4、《理想国》（*Republic*）602c – e］不同的是，当灵魂摆脱了身体感官的接触与束缚之后，才能更好地进行思考（《斐多》65c1 –4），而一切关涉实在的真理就保存于人类的灵魂之中。

达及灵魂中的真知的一个重要途径是专注于“回忆”[《斐德罗》（*Phaedrus*）249c6]：回忆起“美德”、“数学定理”[《美诺（*Meno*）》86b1 –3]、“美”[《会饮》（*Symposium*）211a1 –3] 和“理智”（《斐德罗》247c6 –7）等这些带有普遍意味的真正存在，而回忆活动本身便是一种亲知。古典学研究者布鲁克（R. S. Bluck）

指出："柏拉图最初似乎将所有理念均视为由亲知而获知的，也是由其回忆原则所必然暗含的。"①

随着对知识论题的深入，柏拉图晚年对感觉的态度也不如早期那般激进。虽然他依然认为感觉不是知识，因为感觉总是混杂着错误［《泰阿泰德》（*Theaetetus*）157e－158a5］，但感觉也能为灵魂提供认知材料，使得灵魂得以触及事物之"所是"（或曰"真"），尽管满足上述过程未必就能拥有知识（《泰阿泰德》186c）。我们也可以明显地感受到，至少在《泰阿泰德》篇里，感觉层面的个体亲知已经成为知识的必要条件了。②

二　"亲知"的自明性理想

自中世纪起，学者们逐渐热衷于讨论亲知的自明性特征。来自威廉的奥卡姆（William Ockham）开启了这一传统的先河。他把知识区分为四类："习惯知识""自明知识""关于必然真理的自明知识"，以及"关于必然前提和演绎过程的自明知识"。③ 除了第一类"习惯知识"之外，后三种知识都将"自明性"作为核心标准。奥卡姆着重强调，通过感觉而获得的"自明知识"是与事实相关的知识（必然知识或偶然知识），为三类自明知识里的最佳代表。

奥卡姆的观点延续到了近代认识论中。笛卡尔亦将部分感觉视为自明知识，并用"直观"概念来加以表示。当然，直观并不是指容易变化的感觉表象，也不是指借助想象与虚假组合而产生的错误判断。对笛卡尔来说，直观是"纯净而专注的心灵的构想"（a clear

---

① R. S. Bluck, "Logos and Forms in Plato: A Reply to Professor Cross," *Mind*, Vol. 65, No. 60, 1956, p. 527.

② R. S. Bluck, "'Knowledge by Acquaintance' in Plato's *Theaetetus*," *Mind*, Vol. 72, No. 286, 1963, p. 263.

③ William Ockham, "On the Notion of Knowledge or Science," in *Philosophical Writings: A Selection*, trans. by Philotheus Boehner, New York: The Bobbs-Merrill Company, 1990, pp. 4－6.

and attentive mind)。[①] 在某些时候，笛卡尔将此类直观命名为“心之眼”，由之而产生的知识不会给认知者带来任何的怀疑，直观与演绎共同构成我们真知的来源。

与笛卡尔相仿，斯宾诺莎也提出了类似的概念区分。早年在《知性改进论》（*On the Improvement of the Understanding*）中（大约成稿于1661—1662年），斯宾诺莎认为存在着四类知识：“传闻或符号知识”，“泛泛的经验知识”，“因果推论知识”以及“关于本质的知识”。在随后的十余年间，斯宾诺莎不断完善自己的思想，最终于《伦理学》（大约成稿于1662—1675年）中，将“传闻或符号知识”与“泛泛的经验知识”合并为一种。无论是借助感觉还是符号，由此而产生的知识都属于第一类，也即意见与想象。通过共同概念和正确观念而来的知识，属于第二类；最后，第三类知识是“直观知识”(scietia intuitiva)，是以神的某一属性为起点而产生的、关于形式本质的真观念。[②]

奥卡姆、笛卡尔与斯宾诺莎这一脉络下的“直觉”理论，与亲知有着极强的亲缘性，但上述学者更加侧重于考察直觉（亲知）中蕴含的自明性和确定性。

三　作为独立知识类型的“亲知”

在哲学史上，亦有从“知识分类”的角度来考察亲知的思想脉络。如果说柏拉图文本中较早地出现了亲知的观念，那么区分出亲知知识与摹状知识的哲学家则是奥古斯丁。在《论教师》（*De Magistro*）中，奥古斯丁将知识分为两种：“关于事物的知识”与“用符号加以表述的知识”。奥古斯丁强调，前者比后者更具优先性，因为在不知道知识所指为何物的情况下，我们无法用符号来有效地说明

---

① Rene Descartes, “Rules for the Direction of the Mind,” in John Cottingham, Robert Stoothoff, Dugald Murdoch eds., *The Philosophical Writings of Descartes* (*Volume I*), New York: Cambridge University Press, 1985, p. 14.

② ［荷］斯宾诺莎：《伦理学》，贺麟译，商务印书馆1997年版，第80页。

该物[1]，也就是说，使用符号指涉某物预设了知晓该物。并且在很多时候，了解事物未必要借助语言符号，肢体行动也是表达知识的途径。种种情形表明，符号表征不是通达事物的最佳方式，其认识论作用仅体现于给认知者以提示，促使认知者不断地趋近事物。对奥古斯丁来说，真正的知识来源于认知者与事物的直接交互。

近代哲学家霍布斯也给出了类似的说法。他将知识分为“关于事实的知识”（knowledge of fact）和“关于断言间推理的知识”（knowledge of the consequence of one affirmation to another）[2]。前者是感觉和记忆，后者则表现为“学识”或“学科知识”。不过，霍布斯知识分类的独特之处在于，他不仅意识到了事物知识与推论之间的区别，还分别指出了将事实或推论记录（register）下来的情形。记录事实的知识是自然史与人文史，与推论（推理）相关的记录则为哲学知识。套用在亲知语境里，霍布斯不仅发现了“亲知”，还指出了人类知识系统之中存在着“由亲知而来的知识”。

奥古斯丁与霍布斯均认可了“关于事物的亲知”是一种独立的知识类型，但是亲知与语言（摹状）知识之间的关系应当为何，两位哲学家并没有给出答案。此问题意识被康德捕捉到了。在《纯粹理性批判》开篇，康德便提到：

> 一种知识不论以何种方式和通过什么手段与对象发生关系，它借以和对象发生直接关系，并且一切思维作为手段以之为目的的，还是直观。但直观知识在对象被给予我们时才发生……通过我们被对象所刺激的方式来获得表象的这种能力，就叫做感性。所以，借助于感性，对象被给予我们，且只有感性才给我们提供出直观；但这些直观通过知性而被思维，而从知性产

---

① Augustine, “The Teacher,” in *Augustine*: *Earlier Writings*, trans. by J. H. S. Burleigh, Kentucky: Westminster John Knox Press, 2006, p. 93.

② Thomas Hobbs, *Leviathan*, New York: Oxford University Press, 1996, p. 54.

生出概念。(A19、B33)[①]

不难发现，康德口中的“直观”与“概念”，以及两者之间的关系，与罗素笔下的亲知和摹状是息息相关的。当代学者热衷于讨论的“直观当中是否渗透着概念成分”，其实就是亲知理论所关心的核心问题意识。

笔者此处的梳理颇为挂一漏万，严格说来，上述每一位哲学家关于亲知的态度都值得专门研究。不过限于浓缩论题的需要，笔者就不在此处进一步展开了。笔者想在此处强调的是：倘若不拘泥于严格意义上的亲知概念，而是聚焦于与亲知相关的思想观念，那么我们就会发现亲知是西方哲学发展脉络中的有机环节，有大量思想资源可以为我们所用。

第三节　中国学界对亲知理论的接受

众所周知，罗素治学思路多变，这一特征亦体现在其亲知理论上。粗略地说，1903—1918 年，罗素积极地构建着亲知理论；1918—1921 年，他逐渐产生了徘徊，开始把亲知排除出认识论的核心；1921 年，罗素于《心的分析》中正式地放弃了亲知的认识论纲领（应当注意，罗素只是摒弃了亲知的认识论功能，但他依然保留了亲知在语言哲学中的作用），转而用行为主义的思想资源来重新勾勒人类的知识图景。

由于亲知理论的变化实在过多，想给亲知提供一个统一且融贯的说明框架似乎不太可能。这就造成了自 1920 年起，国内学者在翻译罗素著述时并未采用一致的译法。根据笔者收集的资料显示，一

① ［德］康德：《纯粹理性批判》，邓晓芒译，杨祖陶校，人民出版社 2010 年版，第 1 页。

百年间，汉语学界共产生了17种翻译“acquaintance”的方式。相应地，“knowledge by acquaintance”的译法也多达11种。日本在译介罗素亲知理论时，也有3种不同的翻译“acquaintance/knowledge by acquaintance”的版本。日本学者在翻译此概念时，大多采用了汉字加平假名的方式，这对我们理解亲知的汉译也有所助益。

本节致力于在整理众多译法的基础上，综合比较各类翻译的优劣，从而试图给出翻译“acquaintance/knowledge by acquaintance”的最佳方案。

一　“acquaintance/knowledge by acquaintance”对应译法枚举

罗素在中国译本最多的作品莫过于《哲学问题》，该书的第五章又正好是“Knowledge by Acquaintance and Knowledge by Description”，在该章中，罗素既提到了“acquaintance”，又对“knowledge by acquaintance”论述颇多，为我们收集整理“acquaintance/knowledge by acquaintance”的译法提供了便利。笔者手边共有7种署名为罗素的《哲学问题》，需要留心的是，其中两本《哲学问题》的译本并非译自罗素1912年出版的著作 *The Problems of Philosophy*，而是罗素1920—1921年在华期间举办的同名讲座《哲学问题》的英文讲稿，笔者将此类文本命名为《哲学问题（演讲集）》，以与《哲学问题》相区别。前面提到，罗素在1918—1921年已经开始淡化亲知理论，因而在《哲学问题（演讲集）》中，我们无法寻觅到“acquaintance/knowledge by acquaintance”的影子，也谈不上从中寻找对应译法。潘功展、黄凌霜、施友忠、何兆武（又名何明①）与刘福增这五位

① 此处感谢华东师范大学哲学系应奇教授的提醒。他告诉笔者，在新中国成立初期，许多著述的翻译是集体成果，因而署名方式大多为：从各位译者的姓名中抽出一个字，将收集来的字进行组合命名，以计算成集体成果。由是观之，“何明”未必就是何兆武先生。笔者此处将“何明”等同于“何兆武”，源于丁子江的著述，具体可见丁子江《罗素与中华文化：东西方思想的一场直接对话》，北京大学出版社2015年版，第342页。

《哲学问题》的译者分别提供了五种完全不一样的译法，值得我们重视。“acquaintance”和“knowledge by acquaintance”同时出现的文本还有《我的哲学发展》，中文本译者为温锡增。另外，瞿世英在《罗素月刊》上介绍罗素思想时，也分别翻译了这两个概念。

在某些著述中，罗素虽明确提及了“acquaintance”，但未着墨于“knowledge by acquaintance”。比如袁弼翻译的论文《知识、错理、和近是的见解》、王星拱翻译的《我们关于外部世界的知识》。在收集这类学者的翻译时，笔者只能提供“acquaintance”的译法，至于“knowledge by acquaintance”部分则用符号“/”来标记。

剩下一些关于“acquaintance”或“knowledge by acquaintance”的汉译散见于各类研究论著或其他间接翻译作品中，于此，笔者想说明的是：（1）有些重复的翻译，笔者只取发表在前的学者的成果计入表格中，比如陈卫平之于苑莉均[①]、瞿世英之于丁子江[②]；（2）有些学者虽然在翻译“acquaintance”时采用了相同的译法，但却对“knowledge by acquaintance”持不同翻译态度，笔者也一并计入在表格里。因此如果单看每列“acquaintance”或“knowledge by acquaintance”，会存在着重复的情况。例如 acquaintance 列的第 4 和第 12 行、第 7 和第 8 行；“knowledge by acquaintance”的第 7 和第 13 行。

为了方便读者查阅，笔者将历年来“acquaintance”和“knowledge by acquaintance”的翻译方式以时间和类型为顺序进行排列。日本学者也提供了不少值得借鉴的翻译方法，笔者亦一并计入。具体罗列如下：

---

① 苑莉均：《百科全书式的英国哲学家伯特兰·罗素》，《北京社会科学》1992 年第 3 期。

② 丁子江：《罗素：所有哲学的哲学家》，九州出版社 2012 年版，第 360—365 页。

表2－1　　中国、日本关于“acquaintance”与“knowledge by acquaintance”的译法汇总

序号	译者（年份）	acquaintance	knowledge by acquaintance
1	潘公展（1920）①	识知	识知的知识
2	袁　弼（1920）②	接洽	/
3	黄凌霜（1920）③	亲	亲知
4	瞿世英（1920）④	亲知	亲知的知识
5	王星拱（1921）⑤	熟识/认识/习见	/
6	施友忠（1932）⑥	亲验	亲验知识
7	何兆武（1959）⑦	认识	认识的知识
8	温锡增（1982）⑧	认识	直接的认识
9	陈卫平（1982）⑨	亲识	亲识的知识
10	傅志强等（1990）⑩	相识	/
11	丁福宁（1996）⑪	直接相识	/

① ［英］罗素：《罗素论哲学问题（续）：五、“识知的知识”与“解释的知识”》，潘功展译，《东方杂志》1920年第17卷第22期；另可见潘功展翻译的《哲学问题》，东方杂志社1924年版。

② ［英］罗素：《知识、错理、和近是的见解》，袁弼译，《民国日报·觉悟》1920年12月17日第0－1版。

③ ［英］罗素：《哲学问题》，黄凌霜译，新青年社1920年版。

④ 瞿世英：《罗素》，《罗素月刊》1920年第一号。

⑤ ［英］罗素：《哲学中之科学方法》，王星拱译，商务印书馆1921年版，第34、19、92页。

⑥ ［英］罗素：《哲学问题浅说》，施友忠译，中华书局1932年版。

⑦ ［英］罗素：《哲学问题》，何明译，商务印书馆1959年版。

⑧ ［英］罗素：《我的哲学发展》，温锡增译，商务印书馆1982年版。

⑨ ［英］艾耶尔：《罗素：世纪的智者》，陈卫平译，台北：允晨文化实业股份有限公司1982年版。

⑩ ［英］理查德·乌尔海姆：《艺术及其对象》，傅志强、钱岗南译，光明日报出版社1990年版，第188页。

⑪ 丁福宁：《罗素命题概念的形上与经验基础》，《哲学与文化》1996年第23卷第5期。

续表

序号	译者（年份）	acquaintance	knowledge by acquaintance
12	刘福增（1997）①	亲知	亲知得的知识
13	陈嘉明（2003）②	认知	认知的知识
14	洪汉鼎（2008）③	熟悉	熟悉的知识
15	刘悦笛（2011）④	相知	/
16	章含舟（2015）⑤	亲历	亲知
17	丁子江（2017）⑥	熟知	熟知知识
18	王　玮（2017）⑦	了解	了解的知识
19	中村秀吉（1963）⑧	见知	見知りによる知識

① ［英］罗素：《哲学问题（及精彩附集）》，刘福增译，台北：心理出版社股份有限公司1997年版。

② 陈嘉明：《知识与确证：当代知识论引论》，上海人民出版社2003年版，第6页。

③ ［美］路易斯·P. 波伊曼：《知识论导论——我们能知道什么》，洪汉鼎译，中国人民大学出版社2008年版，第3页。

④ ［英］理查德·沃尔海姆：《艺术及其对象》，刘悦笛译，北京大学出版社2011年版。

⑤ 章含舟：《亲知论题研究》，硕士学位论文，华东师范大学2015年版。需要说明的是，当代亲知理论家富莫顿在使用“acquaintance”时，有其特殊用法，但笔者在行文中又必须兼顾传统亲知论的语用习惯，因而笔者在此版硕论里不得不采取了妥协的翻译方式，也即触及传统亲知理论时，将“acquaintance”译为“亲知”；相应地，在富莫顿语境下，则翻译为“亲历”，具体缘由可见硕士学位论文第26页。近期，张小星在论述富莫顿的理论时，也主张将“acquaintance”译为“亲历”，具体可见张小星《确定性与梯度——富莫尔顿亲历理论的困境》，《哲学研究》2022年第1期。

⑥ 丁子江：《罗素与分析哲学——现代西方主导思潮的再审思》，北京大学出版社2017年版，第246—252页。

⑦ ［美］塞拉斯：《经验主义与心灵哲学》，王玮译，复旦大学出版社2017年版，第15页。

⑧ ［英］B. ラッセル（B. Russell）：《新譯哲学入門》，中村秀吉译，东京：社会思想社刊1964年版，第47—60页。与中村秀吉持有相同翻译方式的还有土屋纯一、大川祐矢和中釜浩一。具体文本可见［日］土屋純一《見知りによる知識》，《金沢大学文学部論集（行動科学科篇）》1984年卷3，第109—121页；［日］大川祐矢：《単称思想と見知り》，《哲学論叢》2011年38（别冊），第37—48页，以及［日］中釜浩一：《“見知り”と“感覚データ”再考》，《哲学論叢》2013年第40卷，第36—45页。

续表

序号	译者（年份）	acquaintance	knowledge by acquaintance
20	生松敬三（1984）①	直接知	直接知による知識
21	高村夏辉（2017）②	面识	面识による知識

二　各类译法之比较

何种翻译方式最能彰显“acquaintance/knowledge by acquaintance”的原意呢？笔者认为，衡量最佳译法的方式是回到罗素文本中，考察罗素对“acquaintance/knowledge by acquaintance”的相关界定，然后看相应译法能否覆盖此概念的具体特征。

笔者认为，罗素在不同时期的不同文本中，至少提及了“acquaintance/knowledge by acquaintance”的如下特征：直接性、第一手性、非推论性、基础性、完备性。笔者将在下一章详细阐述它们的具体内涵，此处仅大致勾勒这五类特征为何：（1）“直接性”是指认知者与认知对象之间没有任何认知上的中介；（2）“第一手性”是指认知者亲自接触了认知对象，两者之间存在着亲密关系；（3）“非推论性”是指认知者在亲知认知对象时，不借助于任何思维判断，在感觉层面把握了认知对象；（4）“基础性”是指亲知是一种对认知对象有意识的把握，带有认知属性，并且这种认知属性能够为其他知识（一般为摹状知识）奠定基础；（5）“完备性”是指一旦认知者亲知了认知对象，那么他就同时拥有了关于对象完全的、实质性的理解，且不需追加更多信息。

笔者将各类译法所占据的义理特征的情况罗列如下：

---

①［英］B. ラッセル：《哲学入門》，生松敬三译，东京：角川书店 1984 年版，第 47—60 页；与生松敬三持相同翻译方式的学者还有信原幸弘，具体可见［英］A. J. エイヤー（A. J. Ayer）。《ウィトゲンシュタイン》（*Wittgenstein*），信原幸弘译，みすず書房 1988 年版。

②［英］バートランド・ラッセル（Bertrand Russell）：《哲学入門》，高村夏辉译，东京：筑摩书房 2017 年版，第 57—73 页。

表2-2　　中、日"acquaintance"译法特征分类

序号	翻译方式	acquaintance的特征	使用作者
1	亲	直接性、第一手性	黄凌霜
2	亲知	直接性、第一手性、非推论性、基础性、完备性	瞿世英、刘福增
3	亲识	直接性、第一手性、非推论性、基础性、完备性	陈卫平
4	亲历	直接性、第一手性、非推论性	章含舟
5	亲验	直接性、第一手性	施友忠
6	熟悉	直接性、第一手性、基础性、完备性	洪汉鼎
7	熟知	直接性、第一手性、基础性、完备性	丁子江
8	熟识	直接性、第一手性、基础性、完备性	王星拱
9	认知	基础性	陈嘉明
10	认识	基础性	何兆武
11	相知	基础性	刘悦笛
12	相识	基础性	傅志强、钱岗南
13	直接知	直接性、第一手性、基础性	生松敬三
14	直接相识	直接性、第一手性、基础性	丁福宁
15	识知	基础性	潘公展
16	见知	直接性、第一手性、非推论性、基础性	中村秀吉
17	面识	直接性、第一手性、非推论性、基础性	高村夏辉
18	接洽	直接性	袁　弼
19	习见	直接性	王星拱
20	了解	直接性、第一手性、基础性、完备性	王　玮

现在，笔者试着评述各种翻译方式的优劣。首先，"认识""认知""识知""相知""相识"这五种翻译方式没有突出"acquaintance"中最为重要的"直接性"。在罗素文本中，"直接性"近乎可以与亲知画等号，甚至"第一手性"和"非推论性"都是由"直接性"推导出来的，前者所描述的是认知者与认知对象之间的直接性，后者是指认知过程中排除了"推论"（inference）这一中介，而只保留感觉层面的直接性。然而从字面上看，我们同样可以用"认识""认知""识知""相知""相识"来修饰二手知识或传闻知识这类存在着认知中介的知识，无法凸显"acquaintance"的"直接性"这

一核心特征。

其次，“亲”“亲验”“亲历”“接洽”“习见”中虽然有了“acquaintance”所要求的直接性，却并没有显示出此概念的“基础性”，尤其是“亲”与“接洽”两词，似乎跟知识完全不搭边。尽管“亲验”与“习见”带有了些许认知者的主观体验成分，但仍无法达到知识的高度，更毋宁说为摹状知识奠定基础，将它们定义为“意见”或许更为合适。在富莫顿的语境中，单独的“亲历”无法形成非推论辩护，因而也就难以肩负起为知识奠基的基础性之责。

再次，“熟悉”“熟知”“熟识”“了解”“直接知”“直接相识”具备了“直接性”“第一手性”“基础性”，甚至前四种翻译里还体现出了“完备性”，因为根据罗素对亲知的解释，当认知者熟悉、熟知、熟识或了解了认知对象，他必然会对该对象的各个方面有着全面的认识。不过上述六个概念均无法彰显亲知的“非推论性”，因为它们既能适用于非推论的感觉经验（比如某种水果的滋味），也能用来刻画命题知识（比如具体的数学推理或是逻辑演绎推理）。但是罗素的亲知理论，尤其是1911—1918年的版本，将非推论性置于了极高的地位，若采用能够兼容摹状知识的“熟悉”“熟知”“熟识”“直接知”“直接相识”“了解”，显然就违背了“acquaintance”概念的初衷。

复次，“见知”与“面识”能够覆盖“acquaintance”中所要求的“直接性”“第一手性”“非推论性”“基础性”，但它们似乎又无法穷尽“acquaintance”中的完备性。诚然，在罗素文本中，“完备性”主要用来指称感觉经验。一旦认知者“being acquainted with”感觉材料，那么他就获得了摹状知识所无法尽述的感觉体验，从这一方面看，“见知”与“面识”的翻译方式的确也能满足。然而就汉语本身的意蕴而言（注意，此处是从汉语语言系统的词语意义出发的，而不是指“acquaintance”本身的概念意义），相较“亲知”或“亲识”，“见知”与“面识”似乎缺少了认知者主动参与的成分。罗素本人曾强调过亲知得带有主动成分，否则无法与普通的

"经验"（experience）区分开来。①由于少了主动成分，这两种翻译也未必能像"亲知"或"亲识"那般对感觉材料形成全面的认识，因而经由"见知"与"面识"而获得的知识，也就少了些许"完备性"。

最后，"亲知"与"亲识"最能匹配翻译"acquaintance"中所蕴含的"直接性""第一手性""非推论性""基础性""完备性"，按理说，它们都是最优的翻译选项。不过笔者此处依然选择使用"亲知"来翻译"acquaintance"。这么做基于如下两方面的考虑：其一，"亲知"的翻译方式已经成为学界比较通行的翻译方式，且提出的时间最早，为1920年。相较之下，"亲识"一词的使用颇为小众，其使用历史也是自1982年才开始的，就接受程度而言，使用"亲知"或许更为合适；其二，在汉语系统中，"知"与"识"虽然都能用来刻画知识，但两者还是存在着轻微的语义差别。"知"更能用于表达"知识类型/形态"，墨子《经上》篇中就已经有了"知。传授之，闻也。方不彰，说也。身观焉，亲也"的说法。相应地，"识"更多地用来形容认知者的"认识能力"，比如《楞伽经》中提到："所谓八识，何等为八？一者阿梨耶识，二者意，三者意识，四者眼识，五者耳识，六者鼻识，七者舌识，八者身识。"在罗素文本中，"acquaintance"带有的知识成分更多一些，如果想表达动作或能力含义，罗素则会用动词"being acquainted with"。所以笔者认为，用"亲知"来翻译"acquaintance"是最佳选择，相应地，动词语境下的"being acquainted with"，可以采用"亲识"的翻译方式。

确定了将"acquaintance"译为"亲知"之后，出于翻译讲究对仗工整的考量，我们可以直接排除如下翻译"knowledge by acquaintance"的选项："亲验知识""熟知知识""识知的知识""认知的知识""认识的知识""直接的认识""亲识的知识""熟悉的知识"

---

① Bertrand Russell, "On the Nature of Acquaintance: Preliminary Description of Experience," *The Monist*, Vol. 24, No. 1, 1914, pp. 1 – 16.

“了解的知识”“由见知而来的知识（見知りによる知識）”“由直接知而来的知识（直接知による知識）”以及“由面识而来的知识（面识による知識）”。

对于“亲知”“亲知得的知识”“亲知的知识”这三种剩下的翻译选项，笔者认为均不理想。直接把“knowledge by acquaintance”译为“亲知”，就无法与“acquaintance”相区分；“亲知的知识”用来翻译格罗特的术语“knowledge of acquaintance”更为合适，但不能用在使用介词“by”的“knowledge by acquaintance”之中；从义理上看，“亲知得的知识”是最佳译法，不过此种翻译更像是一个动宾短语，而不像严格意义上的概念术语。

因此，综合各方面因素的考虑，笔者建议采用较为中规中矩的“由亲知而来的知识”（当然，有时候为了行文方便与通顺，笔者亦会采用“亲知知识”），作为“knowledge by acquaintance”的对应译法。

需要再次强调的是，笔者并不是说除了“亲知/由亲知而来的知识”以外的翻译不好。事实上，在笔者看来，每种翻译都能彰显“acquaintance/knowledge by acquaintance”的某些义理面向，因而都是合理的，甚至放在相关语境下，还能起到强调作用，显得更为贴切。只不过，“亲知/由亲知而来的知识”能够涵盖罗素系列文本中对于“acquaintance/knowledge by acquaintance”的所有要求和期待，因而笔者在此处选择它们作为最优解。

第三章

罗素亲知理论：从倡导到放弃

亲知是早期罗素积极阐发的哲学概念，在其语言哲学和认识论里扮演着重要角色。不过罗素亲知论的命运似乎过于戏剧化：从 1903 年初《数学的原则》序言里的首场亮相，到《论指谓》里的明确提出与精细区分，再到 1911—1918 年积极构建与之相关的认识论，亲知的理论地位近乎趋于顶峰。然而自 1919 年开始，罗素对亲知的态度急转直下，甚至在 1921 年《心的分析》里，罗素明确地放弃了亲知的认识论构想。可是尽管如此，罗素在语义学领域里依然地为亲知留存了位置。

理解罗素亲知理论的观念变迁，有助于我们进一步挖掘亲知的本性。在本章中，笔者将首先概述罗素亲知理论的基本样貌。我们将依据功能而将亲知划分为“作为语义学基础的亲知”与“作为认识论基础的亲知”。这样做能够帮助我们理解，罗素在何种意义上放弃了亲知，为什么又要在某些方面为亲知留有余地。此外，笔者还会从亲知的对象与特征这两个角度，来界定亲知的独特属性，进而评估罗素在 1921 年后提出的替代模型——“注意”——是否真的能更好地胜任相应的认识论计划。

第一节 罗素亲知理论要旨

一 亲知理论的提出

亲知是罗素重要的知识理论，人们大多是通过罗素 1911 年的论文《由亲知而来的知识与由摹状而来的知识》以及 1912 年的著作《哲学问题》中的第五章而了解该理论的。甚至知名哲学家塞拉斯也表示："罗素'亲知原则'首次出现于其经典的小册子《哲学问题》之中。"①

随着罗素著作编纂的进行，学界逐渐发现，早在 1905 年的《论指谓》一文里，罗素就明确地做出了亲知知识与摹状知识的区分，并建构了亲知原则。近年来，普鲁普斯（Ian Proops）② 等学者指出，甚至在罗素 1903 年的笔记《指谓的几个要点》（"Points about Denoting"）中，亲知理论已经出现，并且被罗素赋予了基础性地位。

然而根据笔者考证，大约在 1902 年底，罗素便已悄然萌发了"亲知"概念。《数学的原则》一书中，罗素指出：在我们进行哲学分析的过程中，必然存在着无法用语言加以理解的剩余物（residue），或曰不能定义（indefinable）的词项，比如体验红色性质、菠萝的味道等。我们唯有通过感觉亲知的方式才能把握到它们。③ 毋庸置疑，这显然就是罗素后续十余年间所津津乐道的亲知的雏形。虽然《数学的原则》正式出版于 1903 年，但是其序言落款时间显示，罗素于 1902 年 12 月就已交稿。所以就现有材料来看，"亲知"首次

---

① Wilfrid Sellars, "Ontology and the Philosophy of Mind in Russell," in George Nakhnikian ed., *Bertrand Russell's Philosophy*, New York: Barnes & Noble, 1974, p. 57.

② Ian Proops, "Russellian Acquaintance Revisited," *Journal of the History of Philosophy*, Vol. 52, No. 4, 2015, p. 780.

③ Bertrand Russell, *The Principles of Mathematics*, New York: W. W. Norton & Company, 1903, p. xv.

出现于《数学的原则》里，时间略早于普鲁普斯所考证的1903年笔记《指谓的几个要点》。

罗素是一位勤学善思、观点多变的学者。尽管其早年对亲知理论偏爱有加，但是大约在1919年的系列论文《逻辑原子主义哲学》中，罗素渐渐转向中立一元论立场，对亲知理论开始抱有狐疑态度。1921年，罗素于《心的分析》中正式放弃亲知理论，开始尝试用"意象"（image）以及相关的概念来重新刻画亲知，并于1942年的作品《对意义与真理的探究》中正式找到了亲知的替代概念——"注意"（noticing）。

有了罗素的亲自背书，许多学者也认为罗素在1921年起就径直放弃了亲知理论。毕竟在罗素晚年的治学反思《我的哲学发展》第十二章中，罗素如是写道：

> 从知识论的角度看，这对"经验证据"的含义提出了非常巨大的挑战。《意义与真理的探究》主要就是在讨论这个问题，在这本书中，我用"注意"替代了"亲知"，将"注意"作为一个未定义的术语使用。①

然而，大部分学者没有发现，同样在该书的第十四章里，罗素还写了这么一段话：

> 我一直坚持着一个原则，我认为这个原则完全有效，即如果我们可以了解一个句子的意思，组成这个句子的词语所表示的事物，必定是我们所亲知的事物，或者是可以用这些词定义的事物。②

---

① Bertrand Russell, *My Philosophical Development*, New York: Simon and Schuster, 1959, p. 140.

② Bertrand Russell, *My Philosophical Development*, New York: Simon and Schuster, 1959, p. 169.

这就有些令人匪夷所思了。明明在不到30页之前，罗素还坦诚自己用其他相关概念替换了亲知，现在却又突然反水，承认起亲知的有效性！难道晚年罗素在治学时已经失去了早年的清晰和敏锐了？

其实不然，笔者认为，之所以会出现这种看似矛盾的状态，是因为我们没有意识到罗素笔下的亲知原则存在着层次上的差异。该差异非常细微，不仔细看根本体会不出，以致被绝大部分学者所忽视。为了方便说理，笔者先将罗素所有文本中出现的亲知原则摘录如下，在综合比较的基础上，解释里面涉及的两个层次：

1903 年版亲知原则："为了理解一个命题，我们有必要亲知构成该命题意义的每一个成分，并将其视为一个整体。"①

1905 年版亲知原则："在我们可以理解的每个命题中，所有的成分都确实是我们具有直接亲知的实体。"②

1911 年版亲知原则："我们所理解的每一个命题，都必须由我们所能亲知的构成成分来组成。"③

1912 年版亲知原则："我们关于事物和真理的所有知识，都建立在亲知之上，并以其为基础。"④

1959 年版亲知原则："如果我们能够理解句子的意义，该意义必须完全由语词所指谓的事物来构成，并且我们亲知或定

---

① Bertrand Russell, "Points about Denoting," in Alasdair Urquhart, Albert C. Lewis eds., *The Collected Papers of Bertrand Russell 1903 - 1905*, London; New York: Routledge, 1903, p. 307.

② Bertrand Russell, "On Denoting," *Mind*, Vol. 14, No. 56, 1905, pp. 479 - 480.

③ Bertrand Russell, "Knowledge by Acquaintance and Knowledge by Description," *Proceedings of the Aristotelian Society*, Vol. 11, 1911, p. 117. 该说法也同样出现于《哲学问题》里，见 Bertrand Russell, *The Problems of Philosophy*, New York; Oxford: Oxford University Press, 1912 (1997), p. 58。

④ Bertrand Russell, *The Problems of Philosophy*, New York; Oxford: Oxford University Press, 1912 (1997), p. 48.

义了此类语词。”①

撇开修辞上的差异，五种界定里，1903、1905、1911 和 1959 年的亲知原则有着非常强的共性，即命题的意义依赖于亲知，并且命题的构成成分只有还原到亲知层面，才能获得理解。相较之下，1912 年版的亲知原则可谓自成一类。亲知不仅服务于命题，甚至事关事物与真理的“所有知识”。

由是观之，我们可以发现亲知原则的功能主要有两个：其一，为我们理解命题提供可能；其二，为人类所有的知识奠基。罗素甚至颇为自豪地将后一种亲知视为“基础性的认识论原则”（fundamental epistemological principle）。为了更好论述亲知的不同功能，笔者将前者命名为“作为语义学基础的亲知”，对应的是 1903、1905、1911 和 1959 年版本的亲知原则；与此同时，对于从认识论角度界定的亲知理论，笔者将其称为“作为认识论基础的亲知”，对应的是 1912 年版本的亲知原则。

对早期罗素而言，亲知的上述两个职能是内在一致的。我们所认识的几乎所有事物，都必须通过指谓概念（denoting concepts）的方式来表达，而对于指谓本身的理解，又依赖于亲知。唯有把亲知经验填充进指称词项或命题函项（propositional functions）之中，我们才能知道命题或知识的意义。② 可见，在早期罗素那里，作为语义学基础的亲知和作为认识论基础的亲知是个连续统一体，它们共同构筑了人类语言与经验的知识大厦。这或许可以解释为什么罗素没有明确地区分亲知的两个功能。

---

① Bertrand Russell, *My Philosophical Development*, New York: Simon and Schuster, 1959, p. 169.

② Bertrand Russell, "On Fundamentals," in Alasdair Urquhart, Albert C. Lewis eds., *The Collected Papers of Bertrand Russell 1903 - 1905*, London and New York: Routledge, 1904, pp. 368 - 369.

二 作为语义学基础的亲知

需要说明的是，罗素最初没有使用"由亲知而来的知识"这一术语，而是采用了"亲知"一词。亲知是一种直接认知事物的方式，并不需要通过描述——指谓词组（denoting phrase）① 或命题（proposition）② ——的方式来把握对象。相应地，与亲知相对的概念也并非"摹状"或"由摹状而来的知识"，而是"关涉的知识"（knowledge about），也即可以借助语言、概念和思想来加以表达的"命题知识"（propositional knowledge）。③ 不难发现，罗素早年似乎没有发展与亲知有关的认识论，亲知更多是为了配合摹状词理论而产生的。正如《指谓的几个要点》中提到的，若想要理解命题的含义，我们就必须亲知该命题的各个组成部分。唯有把命题的意义还原到亲知层面，才具有可理解性。亲知的语义还原工作持续了差不多九年，以 1902 年末的《数学的原则》为起点，到 1911 年《由亲知而来的知识与由摹状而来的知识》发表为终止。

罗素之所以要提出摹状词理论，部分原因是为了解决迈农（Alexius Meinong）的理论实体难题。在迈农看来，只要指谓词组符合语法层面的正确性，便是我们的认知对象。但这无形之中会增添许多并不存在的理论实体，比如"当今的法国国王"（自 1789 年法国资产阶级革命之后，法国开始实行共和国政体，不再存在国王一说，即使是拿破仑也只是自称皇帝，而非国王）等。罗素指出，迈农实体难题的提出会使我们的逻辑基本规律失效。以"当今的法国国王是个秃子"为例，根据排中律，任何一个命题要么为真，要么

---

① Bertrand Russell, "On Denoting," *Mind*, Vol. 14, No. 56, 1905, pp. 479 – 480.

② Bertrand Russell, "On Fundamentals," in Alasdair Urquhart, Albert C. Lewis eds., *The Collected Papers of Bertrand Russell 1903 – 1905*, London; New York: Routledge, 1904, p. 368.

③ Bertrand Russell, *Our Knowledge of the External World: As a Field for Scientific Method in Philosophy*, London; New York: Routledge, 1914 (2009), p. 118.

为假。但是无论是“当今的法国国王是个秃子”，还是其相反命题“当今的法国国王不是秃子”，两个命题都是假的，因为当今法国根本就没有国王。可是，“当今的法国国王是个秃子”似乎又是一个符合我们日常语用习惯的句子，满足迈农的定义。问题到底出在哪里呢?

罗素给出的答案是：除了表面的“语法结构”之外，指谓语句内部还存在着更为深层的“逻辑结构”。“当今的法国国王”并不是一个能够被我们直接亲知理解的专名（proper name）。事实上，它是一个伪装的摹状词语句。如果进行改写，那么“当今的法国国王”便是：存在着这么一个个体，他既存活于当今法国，同时他又是法国国王。通过改写便不难发现，当我们不再直接承认“当今的法国国王”，而是将其拆解为一个存在量词“存在着这么一个个体”，以及“存活于当今法国”与“法国国王”这两个属性，那么“当今的法国国王”就不再是一个合格的专名了，因为其两个属性无法结合在一起。

从逻辑角度看，只有能亲知到的对象才是专名。如果某一名称无法提供亲知客体，那么它便不是专名，而是摹状词。[①] 很多时候，我们误将摹状词视为专名，没看到它们其实只是“摹状词的缩略语”(abbreviations for descriptions)。所以在理解语词意义的时候，首先要做的工作是还原摹状词，将其中涉及的每一个成分都落实到亲知层面。可以说，亲知是检验摹状词语句是否可以被理解的试金石。

虽然摹状词最终的理解依赖于亲知，也即认知者心智中的各类具体的感觉、记忆和经验，但归根到底，亲知本身是依附于摹状词理论而存在的，如果没有摹状词理论，那么罗素也不会如此热衷于谈论亲知。

三　作为认识论基础的亲知

罗素起初并没有赋予亲知以过多的认识论意义。虽然大约 1904

① Bertrand Russell, *Theory of Knowledge: The 1913 Manuscript*, London; New York: Routledge, 1913 (1992), p. 37.

年前后，罗素在其未发表手稿《论基础》（“On Fundamentals”）一文中，粗略地提及了亲知对认识论非常重要，因为我们所认识的几乎所有事物，都必须要通过指谓概念（denoting concepts）的方式来表达，而指谓本身的理解，又依赖于亲知。唯有我们将自身的亲知经验填充进指称词项或命题函项之中，我们才能知道其意义。[①] 只不过，彼时的罗素并未意识到命题意义与知识之间的关联，也无意构建一个融贯的知识论架构，于是亲知的认识论框架便一直搁置，直到1911年《由亲知而来的知识与由摹状而来的知识》一文的发表，罗素才着手系统地阐述亲知的种类、对象和功能，并在相关著述中[②]里详细地讨论了构建亲知理论的具体细节。这也间接说明了为什么1911年“由亲知而来的知识”才会成为一个问题意识（或者说，严格的术语）出现在罗素的著述中。

亲知之所以有独立的认识论价值，是因为亲知截然不同于命题知识。罗素指出：“从理论上看，经由感觉而来的亲知并不暗含（甚至是）最小意义上的‘关涉的知识’（knowledge about），比如，亲知中并不蕴藏任何关涉我们亲知对象的命题之知。”[③] 之所以要强调亲知不同于命题知识，是因为命题由判断构成。与之相反，亲知不是判断，而是作为一种认知层面的呈现（presentation），唯有排除判断才能获得亲知所要求的认知直接性。可以看出，罗素在“直接性”中添加了非判断属性，而这恰恰是1903—1911年亲知概念中所不包含的，亲知也因此正式从作为语义学基础的理论，晋升为认识论的

---

① Bertrand Russell, “On Fundamentals,” in Alasdair Urquhart, Albert C. Lewis eds., *The Collected Papers of Bertrand Russell 1903 - 1905*, London; New York: Routledge, 1904, pp. 368 - 369.

② 这些著述包括著作《哲学问题》《我们关于外部世界的知识》，以及论文《经验的初步说明》《中立一元论》《经验的分析》等，上述论文主要收录于 Bertrand Russell, *Theory of Knowledge: The 1913 Manuscript*, London; New York: Routledge, 1913 (1992)。

③ Bertrand Russell, *Our Knowledge of the External World: As a Field for Scientific Method in Philosophy*. London; New York: Routledge, 1914 (2009), p. 118.

基础。

据此，罗素搭建了认知者与认知对象之间的关系模式。他把认知者标记为 S（subject 的缩写），认知对象标记为 O（object 的缩写），亲知（标记为 A，acquaintance 的缩写）是 S 与 O 中最为简单的关系，可以标记为 S—A—O。有些时候，我们的认知对象是简单对象（比如红色之类的感觉片段），S—A—O 模型比较好理解；但是又有些时候，亲知对象相对复杂，例如对于“张三先于李四”这类空间位置关系，我们还能继续用 S—A—O 模型来加以理解吗？罗素认为可以，只要复合体被认知者视成一个整体被直接把握，那便是亲知。套用米亚（Sajahan Miah）的说法，复杂客体以组合方式出现于认知者心灵之前，所以同样是涉及认知者、张三、先于关系和李四，认知判断所构成的模型是“相信（S，a，R，b）”，而亲知构成的关系则是“亲知（S，a 与 B 处于关系 R 之中）”。①

罗素之所以如此强调亲知中不包含判断，是为了保证亲知到的对象既是认识的最原始之物，也是逻辑的最原初起点，而非派生之物（derivative），不受逻辑推演（logical deduction）的影响。一旦亲知到了这些事物，我们所持的认识便拥有了根基，一切认知架构便得到了保证。也即“我们关于事物和真理的所有知识，都建立在亲知之上，并以其为基础”。

第二节　亲知的认识论框架

一　亲知的对象

1905 年的《论指谓》中，罗素并没有仔细介绍亲知的对象，

① 在英语中，结构更为清楚，判断是 bel（S，a，R，b），亲知则是 acq（S，a-in-the-relation-R-to-b）．见 Sajahan Miah，*Russell's Theory of Perception：1905－1919*，New York：Continuum，2006，p. 14。

只是简略地说我们可以在知觉中亲知知觉对象，在思想中亲知更为抽象的、具有逻辑特征的对象。[①] 罗素正式着手研究亲知后，在系列著述中开具了几个颇具长度，但前后略显不一致的亲知对象清单。

比如在1911年的文本中，罗素认为亲知的对象分为殊相和共相。[②] 这种分类方式虽具合理性，却也存在着遗漏，尤其是罗素1913年的知识论手稿被发掘后，我们发现罗素认为部分逻辑对象也可以被亲知到。格里芬（Nicholas Griffin）较早地意识到了这点，在相关文献中，他将亲知的对象概括为：殊相、共相和“抽象逻辑事实”。其中，抽象逻辑事实包括：逻辑形式、逻辑关联和逻辑范畴。[③] 格里芬的概括虽有洞见，却有些超出罗素的原始文本，因而笔者还是选用米亚的概括方式，也即亲知的对象有三类：殊相、共相和逻辑形式。[④]

（一）殊相

亲知最主要的对象是殊相，至少存在着如下四类：感觉材料、内省、记忆和自我。

1. 感觉材料

感觉材料（sense-data）是认知者直接感知到的东西，为殊相的

---

① Bertrand Russell, “On Denoting,” *Mind*, Vol. 14, No. 56, 1905, pp. 479 – 480.

② Bertrand Russell, “Knowledge by Acquaintance and Knowledge by Description,” *Proceedings of the Aristotelian Society*, Vol. 11, 1911, p. 112. 罗素研究专家耶格尔（Ronald Jager）也赞同亲知的对象只有殊相和共相两类，具体可见：Ronald Jager, *The Development of Bertrand Russell's Philosophy*, Plymouth: George Allen & Unwin Ltd., 1972.

③ Nicholas Griffin, “Russell on the Nature of Logic (1903 – 1913),” *Synthese*, Vol. 45, 1980, p. 152.

④ Sajahan Miah, *Russell's Theory of Perception: 1905 – 1919*, New York: Continuum, 2006, pp. 19 – 33. 类似地，国内学者李高荣也采取了这类概括法。见李高荣《罗素的亲知理论解析》，《哲学评论》2016年第18辑，中国社会科学出版社2016年版，第192—202页；以及李高荣《罗素的世界结构理论研究》，中国社会科学出版社2016年版，第75—90页。

首要代表。[①] 具体来说，我们看到的颜色、听到的声音、闻到的气味、尝到的味道和感到的质地分别是视觉、听觉、嗅觉、味觉和触觉的感觉材料。请注意，笔者在颜色、声音、气味、味道和质地前加上了与感官相关的动词（看到、听到、闻到、尝到和感到），这是因为在罗素看来，"感觉材料"和"感觉材料所指向的事物本身"是不同的，前者可以亲知，而后者则不能亲知。除了事物之外，他人的心灵也是我们不可知的。

红色的花瓣、浓郁的香味、柔软的花瓣质感等，这些玫瑰花的感觉材料呈现于认知者的感官之前，为认知者所直接把握。一旦亲知了这些感觉材料，认知者便对该材料形成了充分的认识，且并不需要更多的摹状知识来帮助我们理解。比如，对于一位视觉功能正常的认知者而言，一旦他亲知到了玫瑰花的红色，便持有了红色的色彩体验，至于关于红色的描述性知识，比如"红色是波长大约为625—740 纳米的光波，撞击视网膜后形成的视觉感受"之类的物理摹状知识，并不构成亲知。虽然亲知与摹状的对象是一致的（都是针对"红色"），但由亲知而来的知识独立于由摹状而来的知识。

前面提到，外在于人的"事物本身"并不是感觉材料。有限的人类认知官能无法穷尽事物的一切属性，认知者所能感知到的仅有可感（sensibile）成分。比如，当红玫瑰出现于认知者视线之前时，认知者可以感知到红色的色彩体验（红色的视觉片段）。但是，当认知者不存在时，红色色块是否还在那儿呢？对此，罗素给予的解决方案是，当我们论及感觉材料时，它是基于认知者的认识而产生的，作为殊相的感觉材料必须与认知者的亲知相关。当认知者不在场时，红色的感觉材料便消失了，但是红色色块依然可以以"可感物"

---

① 诚如米可夫（Nikolay Milkov）所言，感觉材料深深地植根于经验论之中，我们能从詹姆斯、罗伊斯（Josiah Royce）甚至洛克（John Locke）的文本中找到类似的观念。具体可见：Nikday Milkov, "The History of Russell's Concepts 'Sense-data' and 'Knowledge by Acquaintance'," *Archiv Fur Bergriffsgeschichte*, Vol. 43, 2001, pp. 221 - 231.

（sensibilia）的形式继续存在。当然，罗素承认可感物并不属于认识论，而是一种形而上学层面的假设，是基于感觉材料而产生的一种“假设性的补充物”。[①] 当形而上学领域里的可感物进入认知者的认识系统内，可感物便成为感觉材料。

但现在还有一个问题，感觉材料与可感物是物理的，还是精神的？罗素认为，感觉材料是物理的，虽然感觉材料在进入认识之后才能显现，但这并不代表这不是一种客观的呈现。我们之所以会觉得感觉材料是主观的，是因为没有区分出“感觉材料”和“感觉”，并错误地用后者的精神属性来理解前者的生理属性。一旦我们做出了这一区分，感觉材料从属于物理属性也就不难理解了。

然而我们仍然可以继续追问：每个认知者在观察世界时，总是在时空中占据着一个特定位置，因而不同认知者所把握的感觉材料也必然不同，我们又如何知晓不同的感觉材料背后存在着同一个可感物呢？此处，罗素引入了两条认识原则，一条是连续性，另一条是相似性。在多位认知者的感觉过程中，倘若他们的感觉材料足够多、足够相似，他们便可将这些材料都归并于一起，组成同一可感物。

2. 内省

关于如何亲知内省，罗素谈及得并不多。较有代表的论述莫过于：我们不仅可以觉知到事物，我们还能觉知到事物正在被我们所觉知。[②] 在此观点中，“觉知到事物”与“觉知到事物正在被我们所觉知”针对的是不同的对象，前者属于感觉领域，后者则是对感觉的内省。内省是认知主体对自身感觉、欲望和情绪等发生于心灵中的可把握事件的亲知。

---

① Bertrand Russell, “The Relation of Sense-data to Physics,” *Mysticism and Logic: And Other Essays*, London: George Allen & Unwin Ltd., 1917, p. 171.

② 罗素用“看太阳”与“我觉知到我在看太阳”，以及“想要食物”与“我觉知到我想要食物”的观点说明了这一点。具体可见 Bertrand Russell, “Knowledge by Acquaintance and Knowledge by Description,” *Proceedings of the Aristotelian Society*, Vol. 11, 1911, p. 110。

借用米亚的说法，如果说亲知感觉材料意味着认知者与外在世界的认知对象处于一种二元关系之中，那么在内省状态下，与认知者相对应的就不是纯然的外在认知对象，而是一种“心理殊相”（mental particular），也即“自我亲知到的感觉材料”（self-acquaintance-with-a-sense-datum）①。经由内省而形成的亲知可被称为“自我意识”（self - consciousness），通过亲知外部世界和内在心理对象，认知者不断构成自己的“心理生活”（mental life）。

3. 记忆

记忆是亲知的另一个重要来源。记忆不同于感觉，虽然两者可能同时出现，但它们的性质是截然不同的。感觉所指称的是当下出现于认知者面前的对象（以感觉材料的方式呈现），记忆则是针对过往时间序列中对象对认知者的显现。当然，感觉与记忆之间存在着转化关系，比如当认知者从某一时间片段 t_1 进入下一个时间片段 t_2 时，当下的感觉材料则会过渡为直接记忆（immediate memory），如果时间更久一些（比如 t_{100}），那么直接记忆就变成了远期记忆（remote memory）。对于罗素而言，直接记忆与远期记忆并没有性质上的不同，只有程度上的差别，其差异体现于记忆的自明性上。

无论是直接记忆还是远期记忆，均为亲知的对象。当然，并非所有过往体验均能被亲知到。只有“记忆的真实情形”（genuine case of memory）② 才能为我们所亲知［罗素研究专家皮尔斯用“标准记忆”（paradigmatic memory）③ 来刻画此类记忆］，至于那些已经极端模糊，或是自我篡改的记忆，均不属此列。言下之意，认知者可以直接地、清楚地觉知到自己所持有的记忆，比如我们曾见过的

---

① Sajahan Miah, *Russell's Theory of Perception: 1905 – 1919*, New York: Continuum, 2006, p. 21.

② Bertrand Russell, *The Problems of Philosophy*, New York; Oxford: Oxford University Press, 1912 (1997), p. 117.

③ David Pears, *Questions in the Philosophy of Mind*, London: Duckworth, 1975, p. 227.

某种颜色抑或是听到的某段声音，那么即使该色彩或音响体验并未出现在当下，它们也可以被认知者所亲知，因为在未来某个满足相应条件的情境中，该记忆会被及时地、可靠地唤醒。[①] 一言以蔽之，只要是能够被认知者积极调取或意识到的记忆，原则上均属于亲知的对象。

罗素非常注重记忆之于亲知的地位，他甚至说："由记忆而来的这类直接知识是我们关于过去的所有知识的来源。"[②] 如果没有记忆，我们就不能基于任何材料而进行知识推论。可见，早年罗素对记忆持有一个比较乐观的态度。虽然他并未界定何种意义上的记忆是亲知对象，但是我们通过字里行间不难发现，无论是当下的直接记忆还是远期记忆，均是亲知的对象。不少学者将罗素的态度界定为"记忆的极端实在论解释"（the extreme realist account of memory）[③]，也即记忆并非虚幻的，而是实在的、可在当下或未来被调取出来的心智状态。

4. 自我

内在于我们心灵中的事物，比如感觉、记忆和内省等，均是我们能够亲知的对象。但归根结底，上述事物似乎都是"心灵内容"，而非"心灵本身"，那么是否存在着一个能够承载认知者精神活动的独立自我，也即"赤裸自我"（bare self）呢？

尽管罗素表示该问题非常棘手，但是他依然在《由亲知而来的知识与由摹状而来的知识》以及《哲学问题》中倾向于认为存在着纯粹自我，并且自我能够通过内省活动而为我们所把握。因为在亲知具体事物的时候，我们不仅能够觉知到事物，也能够觉知到我们

---

① Bertrand Russell, "Knowledge by Acquaintance and Knowledge by Description," *Proceedings of the Aristotelian Society*, Vol. 11, 1911, p. 109.

② Bertrand Russell, *The Problems of Philosophy*, New York; Oxford: Oxford University Press, 1912 (1997), p. 9.

③ Sajahan Miah, *Russell's Theory of Perception*: *1905 – 1919*, New York: Continuum, 2006, p. 25.

正在觉知这些事物，这便是一种意义上的“亲知自我”。

罗素指出，这样做的优势在于能够彰显人与动物的区别。人可以觉知到纯粹自我，而动物无法跳脱于殊相之外，更毋宁说反思纯粹自我。基于这些考量，罗素试探性地指出亲知自我“虽不肯定，但却是可能的”。

（二）共相

共相是指具体事物之中体现出的一般的、普遍的共同性质。罗素认为，我们能够亲知共相，其过程可以命名为“构想”（conceiving）或“设想”（conception），我们所亲知到的共相是“概念”（concepts）。

根据罗素的描述可以推断，设想是一种特殊的亲知。借助设想（亲知）所能把握到的共相有两类——性质［有时候，罗素也会用谓词（predicate）来表示性质①］与关系。

此处先以颜色为例来说明认知者如何亲知性质共相。身为认知者，我们不仅能够亲知到黄色的殊相，当亲知到的殊相足够多（比如橙黄、柠檬黄、蜡黄、土黄……）时，再辅以足够的理智（intelligence）或抽象能力，我们便能亲知到黄色的共相——黄性（yellowness）。殊相与性质共相总是互相伴随而出现的，前者是后者的一个例示。

那么，性质共相是否独立于认知者而存在呢？罗素对此持保留态度，毕竟“黄性”是一个与认知者的感官相关联的共相，脱离认知者之后，我们确实难以判定其存在与否。由是可见，性质共相既是事物本身的属性，又需要依附于认知者的亲知行为而存在。

不同于性质共相，关系共相并不是殊相的例示。相反，关系共相是一种独立的“赤裸共相”（bare universal）。一方面，关系共相不是事物的内在属性。以关系共相“先于”为例，试想眼前有三支

① Bertrand Russell, *Theory of Knowledge: The 1913 Manuscript*, London; New York: Routledge, 1913 (1992), p. 81.

笔排成一排，钢笔最前，水笔居中，铅笔置于最后。就三支笔的位置而言，存在着“钢笔先于水笔”“水笔先于铅笔”“钢笔先于铅笔”三种情况，此处，钢笔、水笔和铅笔本身之间无任何相关性，我们甚至可以用任何事物来替换它们，但是无论如何替换，“先于”的位置关系始终不变。也就是说，“先于”并不是依附于具体事物中的一个属性，我们只有事先亲知到了“先于”关系，才能理解何谓“钢笔先于水笔”“水笔先于铅笔”“钢笔先于铅笔”中的任何一个命题。

另一方面，关系共相亦是独立于认知者的。就算未来某一天，所有人类都消失了，“先于”这一关系共相仍然存在，仍然出现于世界上各类与排序相关的具体事物之间。因此，关系类共相属于能够被认知者的“思想所理解，而不能被创造的那个独立世界”①。

（三）逻辑形式

除了亲知殊相与共相之外，罗素还曾于《论指谓》中提到我们可以亲知更抽象的、带有逻辑特征的对象，但是在随后的十余年间，他并未解释何为带有逻辑特征的对象。这一工作落实于《知识论：1913 手稿》，罗素明确了逻辑对象可以被认知者亲知到。为此，他将此类亲知对象命名为“逻辑材料”（logical data）。亲知逻辑材料是我们“逻辑经验”（logical experience）② 或“逻辑直观”（logical intuition）③ 的一种体现。

殊相和共相一般会在命题里充当成分，比如命题“这朵玫瑰花是红色的”里，“这朵玫瑰花”是一个具体的殊相，“红色的”背后所体现出的“红性”则是共相。逻辑材料虽然也在命题中扮演着角

---

① Bertrand Russell, *The Problems of Philosophy*, New York; Oxford: Oxford University Press, 1912 (1997), p. 98.

② Bertrand Russell, *Theory of Knowledge: The 1913 Manuscript*, London; New York: Routledge, 1913 (1992), p. 97.

③ Bertrand Russell, *Theory of Knowledge: The 1913 Manuscript*, London; New York: Routledge, 1913 (1992), p. 101.

色，但并不体现于语词表达（verbal expression），而是以“纯形式”（pure form）[①] 的方式出现。

较为简单的纯形式是“x 是 α”这类逻辑表达式，体现于“这朵玫瑰花是红色的”等命题中。为了更好地凸显逻辑形式究竟为何，请试着思考一下复杂命题“苏格拉底是人，因为凡人皆有一死，所以苏格拉底会死”。在这个命题中，“苏格拉底”“人”“有死性”其实均为命题中的变量，即使我们将这些变量替换成其他事物，该命题也能成真。也就是说，真正决定此命题为真为假的，不是命题中的内容，而是命题的纯形式——“无论 x、α 和 β 究竟是什么，如果‘X 是 α’并且‘任意 α 是 β’，那么 x 是 β”——决定了此命题的真假。

不过罗素指出，逻辑形式并不是语法层面的构成物。以简单的“x 是 α”为例，系词“是”并不是里面的构成物。主谓命题“x 是 α”里仅存在着“x”和“α”这两个语法成分，“是”的功能仅仅是在语法维度将两者结合在一起。一旦将“是”视为一种构成物安置在命题之中，就会陷入无限后退（endless regress）[②] 的过程，因为我们还得考察“x”与“是”中是否存在着另一个“$是_2$”，而“x”与“$是_2$”中间是否又有着“$是_3$”。所以，逻辑形式只能在逻辑层面被亲知到，亲知逻辑对象是一种“心理综合”（mental synthesis）的过程。

二 亲知的特征

根据罗素不同时期的文本，我们至少能够概括出亲知的五种特征：“直接性”“第一手性”“非推论性”“完备性”“基础性”。笔者现逐一加以说明。

---

① Bertrand Russell, *Theory of Knowledge: The 1913 Manuscript*, London; New York: Routledge, 1913 (1992), p. 98.

② Bertrand Russell, *Theory of Knowledge: The 1913 Manuscript*, London; New York: Routledge, 1913 (1992), p. 98.

一，“直接性”。亲知是一种直接认知事物的方式，并不需要通过“指谓词组”或“命题”这类摹状知识来加以把握。在很多情况下，我们的确只能凭借语言而获知某个事物，比如命题“太阳的质量中心”，我们甚至在没接近太阳外层之前就已经被燃烧殆尽，更不要说亲知其质量中心了。但仍然存在着大量不需要借助描述而以一种直接的、无中介（immediate）的方式把握对象的途径。正如感知颜色与品味食物①，这些感受无法通过语言来加以定义，却能在感觉系统中被直接经验到。不过应当指出，“直接性”是个非常模糊的属性。前面提到，罗素将认知者与认知对象的亲知关系界定为：S—A—O 模式。罗素在不同时期对于直接性也有着不同的定义。有些时候，他会将直接性的重心置于 O 上，有时他又会将重心置于 A 上。这就造成了我们至少能找出两种定义直接性的方式：当他将重心放在 O 上时，罗素突出了亲知的“第一手性”；当罗素着重讨论 A 本身时，他的亲知理论又凸显了“非推论性”。

二，“第一手性”。对于罗素而言，最能彰显“直接性”的莫过于“第一手性”，也即认知对象直接呈现于认知者心智之前。在 1911 年后，罗素甚至用“事物之所是”（as it is）来理解亲知到的事物呈现。此处，不应机械地将“事物之所是”理解为“事物本身”。事实上，自 1905 年起，罗素就已经强调了我们无法亲知外在事物和他心。笔者认为，此处的事物实际上是指《哲学问题》第十一章中所提及的“实存性”，也即亲知必须是与外在事物相关涉的，事物必须在当下，或是曾经出现于认知者的心灵之前。“第一手性”相当重要，甚至罗素晚年谈起亲知对于语词理解的基础性作用时，也是从这一角度出发的。

三，“非推论性”。1911 年起，罗素悄悄地将“非推论性”注入“直接性”之中。在罗素看来，唯有亲知排除了推论与判断，认知对

---

① Bertrand Russell, *The Principles of Mathematics*, New York: W. W. Norton & Company, 1903, p. xv.

象才能直接呈现于认知者心智之前。为此，罗素区分了两种认知行动，“我看见了一块红色的圆”是关于亲知的感觉报道，相反，“那个圆是红色的”则是一个摹状知识。在前一种情况下，“红色的圆”作为一个整体出现而被认知者亲知，此时的亲知经验是不可继续被分析的，没有真值与假值；但是认知者将眼前的事物判定为圆形、红色，并将它们组合在一起，形成“那个圆是红色的”的断言，判断就显然介入其中了，因而该断言存在着真假值之分。

四，“完备性”。罗素认为，当视觉能力正常的认知者看到某一特定色彩时，就能获得关于这个色彩片段整全的（full）、充分的（adequate）和完备的（complete）理解，并且并不需要进一步的信息（further information）。罗素甚至使用“完美地”（perfectly）和“完备地”（completely）[①] 这类程度副词来修饰认知者的色彩体验行为。不难据此推断：一旦对殊项、共相或逻辑形式形成亲知，认知者就知晓了事物的“内在本性”（intrinsic nature）[②]，而不需要进一步知识的补充。从这个角度看，亲知不存在程度的差别，只有“亲知”和“非亲知”（non-acquaintance）的区分。比如，当我们论及“更加亲知了”某人时，我们所表达的“更加亲知了”也只是指涉这个某人的更多部分，但是就亲知到的每一个部分的殊相本身而言，要么是完全的亲知，要么是全然没有亲知。

五，“基础性”。正如笔者在上文中所论述的，亲知的基础性既体现为语义的基础性，又可表现为认识的基础性。语义的基础性是指命题、思想和概念的理解，都离不开亲知的参与。一个命题中如果存在着没有亲知的成分，那就是不可理解的。认识的基础性是指感觉亲知能够成为人类所有知识的自明开端，使我们摆脱怀疑论的困扰。

---

① Bertrand Russell, *The Problems of Philosophy*, New York; Oxford: Oxford University Press, 1912 (1997), pp. 73 – 74.

② Wilfrid Sellars, “Ontology and the Philosophy of Mind in Russell,” in George Nakhnikian ed., *Bertrand Russell's Philosophy*, New York: Barnes & Noble, 1974, p. 63.

第三节　亲知的自然化解读

一　罗素立场的变更

有意思的是，相较于罗素早年的热情，自1919年开始，亲知逐渐淡出了罗素的视野。这一转变有其时代背景，20世纪初，行为主义心理学大行其道，不少心理学家力图取消内省心理学的相关主张，而将人类的内在心灵还原为外显行动。这一思潮影响了罗素，他亦在后续的思想发展中接受了行为主义心理学的主张，不再像内省传统那样直接预设存在着一个独立于外部世界的、自主的心灵，进而对传统的自我、内省等概念产生了质疑，并宣称“意识并不是生命的本质”①，甚至在最后放弃了从意识和心灵的角度去构建认识论的计划。鲍尔德温（Thomas Baldwin）有个较为妥帖的概述：“真正的变化在于罗素决心将科学引入哲学：将形而上学建基于物理学之上，用心理学奠基认识论。”② 不过，罗素并不赞成将心灵完全还原为华生（John Watson）口中的“不明显的动觉感受”，或是邓拉普（Knight Dunlap）所谓的“肌肉收缩”。

对于罗素而言，虽然心理活动由生理（物理）活动而产生，但是这并不意味着心理的完全就是物理的。心理与物理所遵循的是不同的规律。

在物理层面，如果事件A导致事件B，事件B接着导致事件C，那么，在事件B缺失的情况下，事件A是无法致使事件C直接产生的。比如，张三肚子饿了（事件A），便去饭店进食（事件B），于

---

① Bertrand Russell, *The Analysis of Mind*, London; New York: Routledge, 1921 (2005), p.28.

② Thomas Baldwin, “Knowledge by Acquaintance to Knowledge by Causation,” in Nicholas Griffin ed., *The Cambridge Companion to Bertrand Russell*, New York: Cambridge University Press, 2003, p.439.

是张三的口腹之欲得到了满足（事件C），在这个物理因果链条中，如果事件B没有发生，那么事件C也不会实现。

相反，罗素指出，心理规律则存在着跳跃的可能性，也即虽然存在着事件D导致事件E，事件E接着导致事件F的因果链条，但在某些情况下，即使事件E被抽离，事件D依然可以导致事件F的发生。试想一位牙牙学语的孩子，当他听到“盒子”这个词语（事件D），他并不知道盒子为何物，于是其母亲便拿出“盒子”实物，附上读音，教其识物（事件E），孩子非常聪明，重复几次后便学会了。此时，“盒子”概念已经出现在孩子脑海中（事件F）。当下一次听到“盒子”一词时，孩子不需要再借助事件E的烦琐教学程序，而直接能够理解“盒子”的意思，也即就心理层面而言，在中介事件E缺席的情况下，我们依然可以由事件D获得事件F。由于心理规律不同于物理规律，所以心智活动有其独立存在的价值。

二　从感觉到意象

早年罗素认为，我们的感觉材料为知识提供了开端，通过亲知感觉材料，认知者获得了自明的、完全的知识。不过，在《心的分析》中，罗素取消了感觉的认知属性。他指出，单纯的感觉行为本身并不是一种知识。若将感觉视为知识，便在无形之中预设了“主体”（也即“自我”）概念。这就造成了在刺激反应层面，我们可以获得纯粹的感觉材料，然后在精神层面，我们去感觉（亲知）那些感觉材料。但事实上，主体概念就像是数学上的“点”或“瞬”一样，是一种逻辑构建出的概念，我们之所以要使用这些概念，纯粹是为了语言学上的便利。比如，只要有了主体概念，我们便能很轻易地表达诸如“我去买瓶水”之类的句子，而不会给出“去买瓶水”这种唐突的句子。但在事实层面，是否真的存在着一个剥离了所有感觉的纯粹主体“我”呢？在罗素看来，这是不可能的。主体只能是构建出来的，而不能成为预设的。

一旦我们放弃了主体概念，那么亲知论所主张的、需要通过精神主体才能施展的“感觉”，与物理肉身所形成的“感觉材料”之间的区分，似乎也就不成立了。罗素指出：“把呈现分解成行为和对象的理论已不能令我们满意。行为或主体在图解上是方便的，但不是经验上可发现的。”① 曾经带有认知意味的“感觉”概念被纳入了物理层面，仅具有因果的价值，无法凭借自身而单独起到认知作用。前面提到，亲知依赖于S—A—O的二元结构，现在罗素放弃了主体S，那么非常自然地，该结构也就随之崩塌了。所以我们亲知感觉材料的行为，就必须进行重新划分归属。在《人类知识》中，罗素将“感觉”的自发性解释为“动物性推论”②，是一种反复习惯的产物，并没有任何“有意识的关联”③，并不能彰显亲知本身的认知属性。

如果感觉不再具有认知属性，那么我们如何解释知识呢？为此，罗素给出的建议是“意象”（image）这一概念。罗素坦言：

> 有一些人，他们相信我们的精神生活是单独由感觉组成的。这也许是对的；但无论如何，我认为，除了感觉之外，所需要的唯一成分是意象。④

意象何以不同于感觉？为了更好地区分感觉与意象，罗素给出了三个标准：

> （1）意象的生动程度较低
> （2）我们我不相信意象中的“物理实在性”

① Bertrand Russell, “On Propositions: What They are and How They Mean,” *Proceedings of the Aristotelian Society*, Vol. 2, 1919, p. 25.

② Bertrand Russell, *Human Knowledge*, London: George Allen & Unwin Ltd., 1948 (2009), p. 150.

③ Bertrand Russell, *Human Knowledge*, London: George Allen & Unwin Ltd., 1948 (2009), p. 167.

④ Bertrand Russell, *The Analysis of Mind*, London: Routledge, 1919 (2005), p. 119.

（3）意象的原因与效果不同于感觉的原因的效果[①]

虽然感觉在精神层面能够被我们所觉知，但是对于罗素而言，感觉主要还应当被视为生理现象，在物理世界中占据着位置，因而遵循着物理规律。相较横跨精神与物理的感觉，意象则是纯粹精神性的，它是对过去感觉的复制，是借助于感觉才产生的，当感觉逐渐减弱，就会连续渐变过渡为意象。观看一朵玫瑰花时，我们会有红色的感觉体验，当我们闭起眼睛并开始回想刚才发生的一幕时，红色的感觉便成为红色的意象了。由是可见，感觉是外部世界直接刺激认知者的神经系统而形成的，相反，意象则不具备这样的直接认知通道，不由外在对象刺激感官而直接引起[②]，而是一种“只作为联系作用的结果间接地被引起”[③]。

罗素赋予了感觉和意象很高的地位，他甚至指出：思想、信念、欲望、愉悦、痛苦和情感全部是单纯地从感觉和意象中构造出来的。因果物理层面的感觉与精神心理层面的意象以“互相友好”[④]的方式，共同构筑了我们的认知系统。

三　亲知的替代概念：“注意”

在所有的语汇中，与亲知最类似的概念莫过于《意义与真理的探究》中提及的“注意”（noticing）概念，此观点在罗素晚年著作《我的哲学发展》中得到了印证：“在这本书中（引者注：指《意义与真理的探究》），我用‘注意’替代了‘亲知’，将‘注意’作为

① Bertrand Russell, *The Analysis of Mind*, London: Routledge, 1919 (2005), p. 120.

② Bertrand Russell, *The Analysis of Mind*, London: Routledge, 1919 (2005), p. 119.

③ Bertrand Russell, *An Outline of Philosophy*, London: George Allen & Unwin Ltd., 1927 (1951), p. 192.

④ Bertrand Russell, *The Analysis of Mind*, London: Routledge, 1919 (2005), p. 99.

一个未定义的术语来使用。"[①] 其实在罗素早年的论述中，除了亲知之外，罗素还曾用"觉知"（awareness）与"关注"（attention）来描述亲知。不过，它们虽与"注意"在概念上是相似的，却预设了主体，因而被晚年罗素所摒弃。

从生理层面看，注意部分是"适当的感觉器官的一种紧张行为"，但这并不意味着注意力是当下的感觉。相反，注意力是高度精神性的活动，由意象构成，是认知者"从可感的环境中做出分离的行动"，从而使事物得以凸显。

这似乎有些矛盾，一方面，注意要求与当下环境保持高度一致，而感觉就是对当下的反应；另一方面，我们又认为注意是精神性的，不同于部分属于物理世界的感觉。对此，罗素并没有直接谈及，不过我们可以从其对"直接记忆"（immediate memory）的论述中理解注意现象。

所谓"直接记忆"，是指感觉器官接受刺激，在刺激停止时它并不会立即回到刺激前的状态，而是会在短暂的时间里维持一段残留的影像，为认知者所感受到，影像的运动感觉也是由此而产生的。"注意"所指向的对象，就是在直接记忆层面发生的。

注意的表现形式往往需要借助指示词"这"来加以表达。罗素强调指示词"这"不能等同于"我现在注意的这个对象"，而应该是"这个注意行动的对象"[②]。因为在前一种表达里，预设了认知主体"我"，并且"我"也是一种索引式的表达，包含了"这"的指示成分。真正的"注意"是一种不预设认知者的、纯粹的认知行动，它仅表达认知行动所对准的焦点。

注意是程度性的。例如在听交响乐的时候，认知者可以特地凝聚其精神而专注于乐曲中的大提琴音。此时虽有其他乐器的声音伴

---

① Bertrand Russell, *My Philosophical Development*, New York: Simon and Schuster, 1959, p. 136.

② Bertrand Russell, *An Inquiry into Meaning and Truth*, London: Routledge, 1940 (1995), p. 109.

随，认知者或许能感知到，或许已经无法兼顾了。因此，注意所关涉的更多是程度上的差别，所以才会有“注意到”“部分注意到”“完全没注意到”的差别。

从罗素前后期的转变可以看出，罗素放弃亲知是因为他不再相信人类存在着精神主体。尽管精神性仍然有其作用，并且区别于物理属性，但是我们不需要因此而设立一个纯然独立于物理世界的意识。既然意识不再存在，依赖于意识与事物之间二元关系的亲知也就不攻自破了。但是，通过罗素的论述，我们依然能够发现，罗素始终没有放弃亲知的计划，只不过 1921 年后的他更愿意使用“注意”这类带有行为主义意味的、自然化了的概念。

但是，换了一套认识论术语的罗素就能免责了吗？笔者认为，罗素虽然做出了自我完善，却全然没有意识到他早年的理论究竟在哪里犯了错。因而罗素近乎是立场更迭的修缮方式依然没有暴露亲知/注意里面的内在矛盾。笔者将在下一章概述众多学者对罗素的批判。

第四章

针对亲知的种种诘难

罗素亲知理论一经提出，便引起了学界的热议。支持者虽有之，但反对者居多。《亚里士多德学会学报》曾于1919年和1949年两度组稿，均以“存在‘由亲知而来的知识’吗?”为题，邀请知名学者进行讨论。除了专门组稿外，学者个人探讨亲知概念的也不在少数。

上一章提到，罗素在认识论层面否定亲知概念时，除了批评自己早年的主体理论，以及亲知混淆了“感觉行动”和“感觉对象”之外，并没有给出更多的说明。所以罗素摒弃亲知的动机究竟是源于自身的理论反思，还是受到了相关批评意见的影响，至少就文本而言，我们难以获得直接证据。

不过根据笔者的观察，罗素肯定受到了相关批评的影响，遗憾的是，他并未认真地对待这些意见，我们从其贸然放弃整个亲知认识论便能看出端倪。不同于罗素，笔者认为，唯有仔细地消化学者们对亲知的诘难，认真思索亲知在何处走向了歧路，才能更好地发展亲知理论。

学者们的批评来自不同角度，头绪繁杂且缺乏统一性，必须加以适当的概括。笔者拟从亲知的“直接性”和“基础性”两个角度来归纳学者们的态度。“直接性”和“基础性”无疑是亲知最为重要的特征，但是不少学者指出，亲知根本无法兼容它们。

第一节 质疑直接性：亲知无法关联外部实在

众多哲学家将矛头指向了亲知理论的直接性。他们认为，“直接亲知”是一种理论上的发明，在真实的认知情境中根本无法单独实现。认知者从事与感觉相关的亲知行动时，必定会乞灵于其他的认知能力，亲知对于感知活动而言并不充分。一言以蔽之，亲知与外部实在之间不存在“直接性”。

一 亲知掺杂其他认知能力

前面提到，罗素将亲知视为认知者与认知对象之间的最为简单的“二元认知关系”，事物以感觉材料的方式呈现于认知者心灵之前，被认知者所亲知，进而形成“由亲知而来的知识”。这一功能是“多重认知关系”视角下的判断关系所无法胜任的。

然而，在论述亲知概念时，罗素悄然地赋予了它许多额外的认知功能。希克斯敏锐地发现，“罗素并没有将感觉类亲知简单地等同于印象的接受”（receptivity of impressions）①。认知者通过亲知所获得的不是一堆杂乱无章、有待进一步加工处理的感性杂多，而是带有知性意味的认知显现（apprehension）。也就是说，我们凭借亲知将事物呈现出来的行动背后，是辨识（discriminating）、区分（distinguishing）和比较（comparing）等功能的协同运作，一起达成亲知的理论目标。类似地，艾杰尔也指出，呈现于认知者心灵前的所与（given）之物是认知者拣选（select）而来的②，亲知中必然掺杂着其他认知能力。

---

① G. Dowes Hicks, “The Basis of Critical Realism,” *Proceedings of the Aristotelian Society*, Vol. 17, 1916－1917, p. 331.

② Beatrice Edgell, “III: by Beatrice Edgell: Is There Knowledge by Acquaintance?” *Proceedings of the Aristotelian Society*, Vol. 2, Supplementary Volume, 1919, p. 201.

由是可见，亲知感觉材料绝不仅仅是将意识之外的认知对象纳入认知者的心灵之内，相反，认知者已经在以一种看似被动消极，实则主动的方式行动了。从这个角度看，亲知的确是一种认知。如果没有辨识、区分、比较和拣选能力，那么认知者无法在感觉材料层面，将认知对象从其所处的现实背景中勾勒出来，更不能觉察到相似对象之间的差异。

如果我们认同了希克斯与艾杰尔的观点，承认亲知之中附带了许多其他认知能力，那么我们还能说亲知与判断没有关系吗？众所周知，判断是与认知者的语言能力相挂钩的，辨识、区分、比较和拣选看似没有借助概念或命题，但就其本质而言，依然是一种判断，它们是认知者有意识地借助心灵，将外在事物处理成心灵材料的行动。如此说来，亲知与摹状无异，只是在程度上有些差别而已。也就是说，从表面上看，亲知是认知者与认知对象之间最为简单的二元关系，但此关系之下埋伏着众多认知判断，当认知者亲知了感觉材料（认知对象），感觉材料便已处于多重关系之中了。只不过亲知这一招牌过于具有迷惑性，将上述矛盾遮挡住了而已。

二　认知者无法亲知纯粹的感觉材料/内省/自我

一旦认可了亲知之中渗透着其他认知能力，那么亲知所强调的“呈现”概念似乎也就不再带有客观意味了。罗素早年使用“呈现”概念的目的，就是要避免认知者过分代入自己的主观判断——我们只能在感觉材料维度看到棕色的色彩片段、感受到平滑与冷硬的质感，至于“这是一张桌子”这类主观断言，只能从感觉材料中推论（inference）出来，无法成为亲知的对象。但是正如前面所提到的，认知者为了获取感觉材料，又不得不诉诸亲知以外的辨识、区分、比较和拣选能力，因而看似客观的感觉报道就无法肩负知识基础的重任了。

基于此，艾杰尔更进一步反思：如果亲知是认知者有意识地拣选感觉材料，那么认知者所亲知到的感觉材料自然也就不是真正意义上的、源于外在对象的感觉材料。亲知中的“认知加工”使我们无法将感觉材料归属于真实事物本身[①]，亲知行动必然会在某种程度上改造感觉材料和认知对象，于是，认知者与对象之间的客观关联也就被切断了。

更让人感到忧虑的是，认知者不仅无法亲知纯粹的感觉材料，甚至在内省和自我等领域，亲知理论也存在着棘手之处。在《经验知识的基础》（*The Foundations of Empirical Knowledge*）中，艾耶尔提出了“眼冒金星”（seeing stars）[②] 案例。“眼冒金星”是常见的视觉生理现象。当人脑受到冲击，人眼中的视觉神经细胞受到震颤，大脑便会根据震颤错误地将感觉信息处理为漫天金星环绕的视觉感受图像。科学家们甚至发现，如果用仪器刺激盲人的后脑，盲人亦会产生“眼冒金星”的视觉体验。

试想，某位认知者的头部受到强力冲击，以至于出现了眼冒金星的视觉体验。此时如果我们问他：“你说你眼冒金星，那么你到底看到了几颗星星呢?”认知者给我们的答案往往是消极的，比如：“我也没注意到有多少颗星星。”

是这位认知者太过眩晕，以至于他不能数出具体有几颗星星吗？艾耶尔否认了这点。他指出，如果我们所谈论的感觉材料与感觉行动紧密地关联在一起，那么当认知者无法在感觉中辨识出星星的数量，我们就有理由认为此时的感觉材料也呈现出了不可计数（not enumerable）的特征，而非存在着确定的具体数值。在这个意义上，艾耶尔指出，区分观察者获得的“所与”与观察者的“觉知（亲知）”并没有意义。并非先获得了确定的感觉材料，觉知（亲知）行动再对这些感觉材料进行加工，而是说我们的亲知行动本身就已经在对感觉材料进行筛选了。这就造成了一个理

---

① Beatrice Edgell, “III: by Beatrice Edgell: Is There Knowledge by Acquaintance?” *Proceedings of the Aristotelian Society*, Vol. 2, Supplementary Volume, 1919, p. 202.

② Alfred J. Ayer, *The Foundations of Empirical Knowledge*, London: Macmillan, 1940, pp. 124 – 125.

论麻烦，如果认知者无法亲知到内省活动“本身”，而只能亲知到某些内省的“片段”，这就无异于将“内省”剔除出了亲知对象的行列。

除了“眼冒金星”这类内省事件外，亲知自我似乎也面临着相同的窘境，而且相较前者，后者显得更为复杂。因为“自我”是一个非常模糊的概念。自我虽然可以借助感觉材料的形式出现，但总与记忆、期待等其他心理活动相关联，并参与到过去与未来的时间序列（也即“自我”的感觉材料系统）之中。与此同时，构成自我的材料还会不断地受到外部世界及其环境的影响。总而言之，自我不是一个既定的“所与”，而是不断构建的产物。借用布莱特曼的说法，如果我们承认“自我”是由一系列材料构成的，并且“自我”中的部分材料又会不断地构成一个新的“自我”材料，那么我们就很难找到终止这一过程的逻辑基础（logical ground）。[①] 既然“自我”始终是变动不居的，那么在这个意义上，我们很难说亲知到了自我本身。因为根据罗素对亲知特征的界定，亲知不存在程度的差别，仅有“亲知”和“非亲知”两种情形，一旦亲知了“自我”，按理来说就已经对“自我”有了完整的理解，但这显然又与“自我”的生成论前提相违背。也许有人会说，我们不妨采取一种妥协的思路，也即认知者只能亲知到“自我”的一个片段，而无法亲知到“自我”整体。然而这种解决策略无疑是把自我和事物本身、他人心灵等量齐观，也就是说，“自我”像外物或他心一般，成为不可亲知的对象。

通过分析可以看出，无论是指向外部世界的感觉材料，还是内省与自我这类心理殊相，亲知都不能很好地与它们相关联。

① Edger Sheffield Brightman, “Do We Have Knowledge-by-Acquaintance of the Self?” *The Journal of Philosophy*, Vol. 41, No. 25, 1944, p. 696.

第二节　质疑基础性：来自“所与神话”的批判

在所有反对浪潮中，“所与神话”批判无疑最具系统性和权威性。通过抽丝剥茧的论证，塞拉斯详细地论证了亲知不能胜任知识基础的理由。植根于此脉络的戴维森进一步说明了感觉只能在认知过程中担当因果角色，无法起到认知作用，从而判定了亲知的消极知识论地位。

一　“所与神话”批判

对亲知理论形成毁灭性打击的莫过于“所与神话”批判。其实早在塞拉斯之前，希克斯、休斯、普莱斯和齐硕姆等学者就已经给出了相似的意见。因此笔者将本节的小标题取名为“‘所与神话’批判”，而非“塞拉斯的‘所与神话’批判”，其用意也是在这里。

但是，塞拉斯至少从三个维度批评了亲知理论：1948 年，他发表了论文《再论亲知与摹状》（“Acquaintance and Description Again”），对亲知“性质共相”提出了疑问；在 1956 年的著名论文《经验主义与心灵哲学》中，塞拉斯的矛头指向了感觉材料理论以及“感觉亲知”；1975 年，为了纪念罗素，塞拉斯撰文《罗素的本体论和心灵哲学》（“Ontology and the Philosophy of Mind in Russell”），批评了亲知“关系共相”的合法性。显然，塞拉斯的批评基本覆盖了亲知理论的所有方面。

（一）对感觉亲知的批判

休斯较早地质疑了亲知的基础性地位。他认为，所谓知识，或认知者“知道（knowing）某物”，是指认知者“能够独立地（solely）

给出确定性的陈述，以及展示出确定的行动倾向”①。在此过程中，认知者必须敏感于认知对象之间的相似性或相异性，且持有理智意义上的比较与想象能力。所有这些都不是感觉亲知所能胜任的。言下之意，就算认知者亲知了某物，他也无法获得严格意义上的知识，亲知不能担当知识的基础。

质疑亲知基础性的学者还有普莱斯和齐硕姆。艾耶尔的案例虽然有效地批评了“眼冒金星”这类心理殊相中不存在确定数值，却没有说明对于指向外部世界的感觉殊相中是否也会发生类似的情况。为此，普莱斯建议我们替换场景，将“眼冒金星”这类感觉体验，修改成一只身上有着确定斑点数量的斑点母鸡②，这样我们就能更加直观地讨论认知者的视觉经验与外部实在之间的匹配关系了。齐硕姆采纳了普莱斯的建议，并在后续文本中完善了“斑点母鸡”的思想实验。当代学者的相关讨论，亦是围绕着普莱斯—齐硕姆的版本而展开的。

试想，某位认知者处于视觉环境良好，且自身视觉功能正常的情境下，认知者眼前有一只浑身长满 48 枚斑点的母鸡，在仅粗略地扫一眼（a single glance）的情况下③，我们的感觉材料中到底出现了多少斑点？感觉材料是否能够如实地呈现斑点母鸡身上的 48 枚斑点呢？

不同于“眼冒金星”案例，在“斑点母鸡”案例中，对象跳脱出认知者的认知系统，是独立于认知者的外部实在。但即使如此，情况也没有好转，因为认知者会对眼前的 48 枚斑点束手无策。齐硕姆明确地表示，他不同意艾耶尔的处理方案。在仅持有亲知经验的

---

① George E. Hugh, “II: by George E. Hugh: Is There Knowledge by Acquaintance?” *Proceedings of the Aristotelian Society*, Vol. 23, Supplementary Volume, 1949, p. 107.

② H. H. Price, “Reviewed Works: *The Foundations of Empirical Knowledge*, by Alfred J. Ayer,” *Mind*, Vol. 50, No. 199, 1941, p. 286.

③ Roderick Chisholm, “The Problem of the Speckled Hen,” *Mind*, Vol. 51, No. 204, 1942, p. 368.

情况下，我们既不能说亲知到了“48 枚斑点（或形象）”，也无法获得“许多斑点（或许多星星）”的亲知体验。“斑点母鸡身上的斑点数量有多少”这一问题已经超出了感觉材料本身的范畴，是计算能力的体现。就算是我们眼前的斑点母鸡身上只有 2 枚斑点，并且我们能很自信地做出表述“这只斑点母鸡身上有两枚斑点”，该认知过程也已经不是纯粹的亲知行动了，更毋宁说 48 枚斑点母鸡的情形。因此，对于齐硕姆而言，亲知到的感觉材料虽然是确定的和不可修正的（incorrigible），却同时也必然是模糊的（vague）和不精确的（unprecise）。感觉材料在知识层面，或曰“基础命题”（basic proposition）维度，是无法担起奠基之责的。

与休斯相仿，塞拉斯也将批评的靶心指向感觉亲知。不过他没有径直批评亲知，而是效仿普莱斯和齐硕姆，先向感觉亲知的重要对象——感觉材料理论——发起了攻击。根据塞拉斯的概括，感觉材料理论的支持者往往持有三个难以互相融贯的命题：

A.“x 感觉到红的感觉内容 s”蕴含了“x 非推论地认识到 s 是红的”。

B. 感觉到感觉内容的能力是非习得的。

C. 认识到具有“x 是 φ”这个形式的事实能力是习得的。①

考虑到命题 A 和命题 C 有些隐晦，笔者先做一些澄清工作。命题 A 的意思是，从某种意义上看，认知者感知事物的过程也是“判断”，正如我们能够感到眼前的玫瑰花“是”红色的。只不过此类感觉判断与语言或逻辑推论无涉，是一种“非推论认识”；命题 C 所表达的含义是，如果判断要落实到语言或逻辑层面，就得使用“x

① Wilfrid Sellars, “Empiricism and the Philiosophy of Mind,” in Willem A. DeVries, Timm Triplett eds., *Knowledge, Mind, and the Given: Reading Wilfrid Sellars's "Empiricism and the Philosophy of Mind," Including the Complete Text of Sellars's Essay*, Indianapolis; Cambridge: Hackett Publishing Company, 2000, p. 210.

是 φ”的表达结构。在未习得语言能力之前（比如刚出生的婴儿），认知者显然不能做出有着“x 是 φ”结构的断言。

现在，塞拉斯的论证就相对清楚了。塞拉斯指出，上述这三个命题无法融贯一致，一旦我们将它们两两组合，所推导出的结论就必然会与第三个命题相冲突，也即（1）A 合取 B 蕴含着非 C；（2）B 合取 C 蕴含着非 A；（3）A 合取 C 蕴含着非 B。现在我们来逐一说明。

A 合取 B 蕴含着非 C。将 A 与 B 合取，我们能够获知：感觉及蕴含于感觉之中的判断能力（非推论认识能力）是非习得的，可以不借助语言或逻辑而实现。这与命题 C 所主张的“判断是后天习得的产物”相矛盾。

B 合取 C 蕴含着非 A。若 B 与 C 能进行合取，这就意味着感觉与判断之间存在着种类差异，前者是天生的，后者则为习得的。如此，A 就成为一个内在矛盾的命题，因为 A 所传达的意思是“感觉之中蕴含着判断”并且“感觉判断是非推论的、非习得的”，这显然与 B 合取 C 的结果相冲突。

A 合取 C 蕴含着非 B。合取 A 与 C 之后，感觉里的“非推论认识”便被判定为后天习得的认识能力，与判断交织在一起而无法分离。这就与命题 B 存在着紧张关系。很明显，B 所强调的恰恰是感觉能力的天生（非习得）属性，难以兼容与 A 和 C 的合取结果。

可见，无论我们怎样做选择，A、B 和 C 这三个命题都无法形成一个自洽的系统，因此我们完全有理由怀疑感觉材料理论杂糅了不切实际的主张，以至于它无法自成一系。由是可以推得：感觉材料理论本身存在着矛盾。

那么感觉材料理论究竟错在哪儿呢？这就牵扯出了亲知理论不得不面对的“所与神话”。塞拉斯如是界定了“所与神话”：

> （a）每一个事实不仅能够按照非推论的方式知道如此，而且该事实不会预设其他具体事实的知识，或是普遍真理的知识；（b）归属于此结构中的、关于事实的非推论知识，构成了所有

> 关涉世界（无论是具体还是普遍）的事实性断言的申诉的最终法庭。①

此处我们必须对塞拉斯的观点稍作解释。上述两个命题所传达的是亲知论者的美好愿景：对于亲知论者而言，亲知带有认知权威性（authority），“亲知到某一事实”意味着该知识既不需要诉诸其他的事实性知识，也无须寻求语言命题知识的帮助。亲知是“自我证实的”（self-authenticating），亦可为各类知识奠定认知基础。

但这里面似乎有个问题。通常情况下，知识之所以区别于普通信念，是因为前者更具“可信性”（credibility）。其可信性总是通过“类型语句”（sentence type）的方式加以表达。比如数学知识“2 + 2 =4”在知识层面是可信的，能够覆盖某一类型的运算行为，应用于一切涉及“2 +2 =4”的每一个具体场合。但是感觉亲知似乎不具有这种意义上的可信性，因为感觉总是发生于一个特定的时空坐标之中，是对认知者当下感觉体验的标记。当我们用语言将感觉报道出来的时候，这类报告往往是“反身标记表达”（token-reflective expressions），其表达的意义紧密地关联表达环境，显然不同于四海之内均适用的“类型语句表达”。

语言知识中的“类型可信性”无疑带有认知的权威性，适用于感觉经验语句的“反身标记”又是否有着与“类型可信性”相仿的权威性呢？传统经验主义者径直给出了肯定的答案，在他们看来，认知者的经验报道是一种行动，报道中的正确性（correctness）来源于行动所带来的正确性，而行动的正确性则应当被解释为遵守规则（following a rule）。也就是说，只要我们将感觉报道改写成“遵守规则的认知行动”，那么当知识是通过“遵守规则的认知行动”而来

① Wilfrid Sellars, “Empiricism and the Philiosophy of Mind,” in Willem A. DeVries, Timm Triplett eds., *Knowledge, Mind, and the Given: Reading Wilfrid Sellars's “Empiricism and the Philosophy of Mind,” Including the Complete Text of Sellars's Essay*, Indianapolis; Cambridge: Hackett Publishing Company, 2000, p. 243.

的，该知识就完全带有可信性。

此答案看似合理，却又蕴含着实质性的麻烦，因为这意味着认知者必须能够识别（recognize）他自己的认知行动，以保障认知行动是按照规则而进行的。经验报道语句“这是红的”并不是简单地表达了“在标准视觉环境下，一个红色的事物出现于认知者眼前”，其背后还预设了认知者可以有效地识别自己的经验报道，也即审视“在标准视觉环境下，一个红色的事物出现于认知者眼前”的合法性，而这必须关联其他经验事实，是单独的亲知行动所无法完成的。换言之，传统经验论者企图将经验报道视为“独立自主”（stands on its own feet）的知识类型，但塞拉斯指出，唯有当感觉经验预设了与其相关的其他事实（比如引入更多感觉行动，或是直接向“类型语句”求助），才能确认某一经验语句的可信性。然而无论如何，这已经是发生于“理由的逻辑空间”（the logical space of reasons）之内的事件了。

我们将“所与神话”批判拉入亲知的语境中来。认知者若想获得可信性或权威性，单独的一个亲知行动是完全不够的，因为单独的某一亲知行动在关涉感觉材料的同时，无法辩护其自身的合法性。此时亲知要么求助于其他的相关事实，比如引入更多的亲知行动；要么借用命题或语言这类带有普遍意味的知识。然而无论怎样做选择，我们都会发现，亲知已经痛失基础性了。

（二）对“性质共相”的批判

罗素主张，性质共相例示于（exemplified）感觉材料之中，与殊相共同出现，认知者只要具备抽象（abstraction）的理智能力，便能在亲知到“红色”（red）片段这类殊相的同时，径直亲知到共相“红性”（redness）。不过罗素的措辞和术语依旧给学者们的解读留下了太多空间。

何谓“抽象”能力？在实施抽象的过程中，仅依靠亲知是否足够？希克斯和艾杰尔给予了否定的答案。希克斯认为，罗素口中的“抽象”能力是指：获得共相的过程离不开认知者针对具体殊相所展开的分析（analysis），以及认知者根据各类分析结果而进行综合比较（comparison）。[①] 类似地，艾杰尔也认为亲知性质共相必须预设“区分”（differentiating）与“同化”（assimilating）的能力，这不是纯粹亲知（bare acquaintance）所具备的。[②] 但显然，此类分析与比较、区分和同化的活动是判断能力的体现。正如罗素在感觉性亲知里添加了过多的认识能力，现在在“亲知共相”的过程中，他依然赋予了亲知过多理智的判断成分。

塞拉斯的论证与希克斯、艾杰尔相仿，但更为精致。在1949年的论文里，塞拉斯借用了如下形式语言来揭示“亲知共相”所面临的问题：我们用 x_1，x_2，x_3来命名殊相，f，g，h 等来命名性质，Q，R，S 等来命名关系。认知者很容易感知到殊相，可以直接获得与 x 相关的序列 x_1，x_2，x_3。但是对于看不见摸不着的性质和关系，f，g，h 和 Q，R，S 等，认知者也能掌握和理解吗？为此，罗素的解决方案是将性质与殊相关联起来。以性质 f 为例，性质 f 所表示的是：所有与性质 f 有关的殊相 x_1，x_2，x_3均体现出来的性质的集合，也即 $fx_1 \vee fx_2 \vee fx_3 \cdots\cdots$ 用形式语言来表达罗素对共相和殊相的理解，即为：

$$(\exists x)\ fx = fx_1 \vee fx_2 \vee fx_3 \cdots\cdots$$

这个公式的意思是：存在关于殊相 x 的性质共相 f，性质共相 f 是所有体现了殊相 x 的性质的集合。但是在塞拉斯看来，我们不能仅在经验描述和日常语言习惯的维度去解释共相的意义，因为它们始终是殊相事件。共相并不来自亲知，而是实现于更高级的认知能力运作之中（其中不乏希克斯笔下的辨识与比较），这些高级认知能

① G. Dawes Hicks, “I: By G. Dawes Hicks: Is There ‘Knowledge by Acquaintance’?” *Proceedings of the Aristotelian Society*, Supplementary Volumes, Vol. 2, 1919, p. 169.

② Beatrice Edgell, “The Implications of Recognition,” *Mind*, Vol. 27, No. 106, 1918, p. 182.

力是认知者对殊相的“重构”（reconstruction）① 或“再制定”（re-enactment）② 过程。丘奇（Alonzo Church）亦认为，公式左侧的存在语句与右侧的相关析取集合在内涵意义（intensional meaning）上是不同的。③ 因此，罗素将共相理解为“（∃x）$fx = fx_1 \vee fx_2 \vee fx_3$……”显然就不正确了，真正的表达式应该为：

$$(\exists x)\ fx =_{Df} fx_1 \vee fx_2 \vee fx_3 \cdots\cdots ④$$

一旦认知者亲知到了性质共相，那么性质共相就不再独立于认知者，然是悄然地生成了语言结构（linguistic structure）。套用布罗克斯（Audre Jean Brokes）的说法：谓词项的标记（tokens of predicate terms）与逻辑层面的专名（proper names）其实是存在着间隙的⑤，罗素的亲知原则直接忽略了这个问题。

在上述形式语言里，*Df* 是一种人为的、逻辑空间里的重新定制，是一种“记号—事件”（sign-event）。可以看出，认知者若想对殊相加以理解，就必须置于一种理由的逻辑空间里，将共相视

---

① Wilfrid Sellars, “Acquaintance and Description Again,” *The Journal of Philosophy*, Vol. 46, No. 16, 1949, p. 502.

② Wilfrid Sellars, “Acquaintance and Description Again,” *The Journal of Philosophy*, Vol. 46, No. 16, 1949, p. 504.

③ Alonzo Church, “Review: Acquaintance and Description Again by Wilfrid Sellars,” *The Journal of Symbolic Logic*, Vol. 15, No. 3, 1950, p. 222.

④ Wilfrid Sellars, “Acquaintance and Description Again,” *The Journal of Philosophy*, Vol. 46, No. 16, 1949, p. 503. 需要说明的是，在使用形式语言时，塞拉斯用“E”来表示“存在”，而非我们现在经常使用的存在量词符号“∃”。相应地，在塞拉斯文本中，罗素的表达式为（Ex）$fx \equiv fx_1 \vee fx_2 \vee fx_3$…… 塞拉斯提供的方案则为（Ex）$fx \equiv_{Df} fx_1 \vee fx_2 \vee fx_3$……笔者在撰写博士论文、提交国社优博资助申请时，保留了塞拉斯的符号使用习惯，将“∃”写为“E”。鉴于国社优博的评审专家提醒笔者存在量词写法有误，因此笔者在本文中，决定放弃塞拉斯的写法，改用学界通用的现代逻辑标准，也即把罗素表达式写为：（∃x）$fx = fx_1 \vee fx_2 \vee fx_3$……塞拉斯的方案写为：（∃x）$fx =_{Df} fx_1 \vee fx_2 \vee fx_3$……特此感谢国社优博评审专家。

⑤ Audre Jean Brokes, “Semantic Empiricism and Direct Acquaintance in *The Philosophy of Logical Atomism*,” *Russell: The Journal of Bertrand Russell Studies*, Vol. 20, No. 1, 2000, p. 49.

为“陈述的集合”（a class of utterances）。在1974年的论文中，塞拉斯加强了自己的观点。他认为，所谓理解“红性”这类性质共相，其实是我们能够在语词维度正确地使用它。当我们亲知了红色，并用“红色”来指谓该色彩体验时，我们便获得了关于共相的知识了。

梅耶斯的批评与希克斯和塞拉斯有着异曲同工之处。梅耶斯认为，亲知共相蕴含着一种关于“直观可靠性”的“无限后退”（infinite regress）。[①] 如果我们动用了辨别与比较等能力，那么这就预设了认知者存在着更为高阶的官能，此官能能够将真实的直观从单纯的感受中区分出来。但是我们又如何保证“真实的直观”本身也是真实的呢？这就意味着我们需要下一层级的、更为高阶的观念，如此类推，以至无穷。尽管海纳（Paul Hayner）随后认为，梅耶斯错误地把罗素的亲知视为知觉，从而混淆了“亲知共相本身”与“共相以殊相的方式实现”（instances）。[②] 然而在笔者看来，问题依然在那儿，因为我们始终不清楚指向共相的亲知该如何在不诉诸其他认知能力的情况下，有效地辩护自身的基础属性。

（三）对“关系共相”的批判

罗素曾主张，除了“性质共相”之外，“关系”也是认知者能够亲知到的共相。希克斯对此表示异议。亲知复杂对象的说法是含混的，按照罗素的理解，当我们亲知“A在B的左边”，“A在B的左边”就作为一个事实整体出现在认知者的心灵之前。但是上述情形与“亲知A”“亲知B”“亲知‘在……左边’的关系”，进而将三个亲知组合于一起，形成一个“A在B左边”的认知判断又有什么区别呢？希克斯认为，认知者在亲知复杂对象的时候，心灵已经

① Robert G. Meyers, “Knowledge by Acquaintance: A Reply to Hayner,” *Philosophy and Phenomenological Research*, Vol. 31, No. 2, 1970, p. 295.

② Paul Hayner, “Meyers on Knowledge by Acquaintance: A Rejoinder,” *Philosophy and Phenomenological Research*, Vol. 31, No. 2, 1970, p. 298.

将各种不同的事物关联（related）在一起了[1]，这无疑是种判断。因此我们很难说认知者与复杂对象或事实“A 在 B 的左边”处于 S—A—O 的二元关系之下。

希克斯的批评是正确的。晚年罗素在回顾自己的思想演变时，也承认关系不是一种实体，而是一个语言事件，他说道：

> 我认为，任何东西都可能存在着诸如“A 比 B 更早”的关系事实（relational facts），但是，这是否意味着存在着一个名为“更早”的对象呢？这是一个有些不知所云的问题，更毋宁说寻找到相应的答案。无疑，存在着有着结构的复杂整体，在不借助关系词（relation-word）的情况下，我们不能概述这些结构。但是，如果我们试图寻觅某些指谓此类关系词，并且能够跳脱出它们所寓居的复杂整体而成为一种若有若无的存在物，我们又似乎不能成功地做到这点。[2]

塞拉斯认可了罗素的转变。在塞拉斯看来，关系不是独立于精神或物质的实体，而是认知者在判断层面对认识中出现的事物的重组，关系以命题结构的方式将简单事物构成一个复杂事实。所以，复杂事实“x 先于 y”实际上是“通过一个有着‘x 先于 y’形式的句子所表达出来的事实”[3]。只要涉及“关系共相”，就必然是与语言相关的、“理由的逻辑空间”内部的事情了。

在对罗素感觉亲知、性质共相亲知和关系共相亲知做出批评之

① G. Dawes Hicks, “I: By G. Dawes Hicks: Is There ‘Knowledge by Acquaintance’?” *Proceedings of the Aristotelian Society*, Supplementary Volumes, Vol. 2, 1919, p. 168.

② Bertrand Russell, *My Philosophical Development*, New York: Simon and Schuster, 1959, p. 173.

③ Wilfrid Sellars, “Ontology and the Philosophy of Mind in Russell,” in George Nakhnikian ed., *Bertrand Russell's Philosophy*, London: Barnes & Noble, 1974, p. 99.

后，塞拉斯盖棺定论地说道："罗素陷入了所与神话之中。"①

二　感觉亲知无法胜任认知辩护

通过前文所述，我们业已知道，当认知者亲知了红色体验，或是感觉到了痒，他除了对红色和痒感有所觉知之外，无法据此而直接做出思维推论或逻辑推论。即使采纳了感觉报道理论的策略，认知者的亲知也不具有可信性，因为在"这是一个红色"的亲知式感觉报道里，并没有蕴含视觉环境良好、视觉功能正常等信息，因而报道的可信性是存疑的。由此我们可以推知，感觉亲知是"非命题的"，除非我们将它置于"理由的逻辑空间"之中，否则即使将亲知转换成"感觉语言"，也不能在认知辩护层面提供任何帮助。

话虽如此，在日常会话中，我们又时常会认为感觉能够为知识提供点什么。比如品酒师会说："我舌尖的感觉告诉我，这杯葡萄酒的品类是金粉黛。"此时的感觉对于知识产生了什么帮助呢？为此，戴维森区分了感觉的"因果功能"和"辩护功能"，请让我们阅读如下这段被广为引用的经典论述：

> 一个感觉与一个信念之间的关系不可能是逻辑上的关系，因为感觉不是信念或其他命题态度。在这种情况下，这是什么样的关系呢？我认为，答案是显而易见的：这种关系是因果关系。感觉造成某些信念，在这种涵义上，它们是这些信念的基础或根据。但是，对一个信念的因果解释并没有表明这个信念被辨明的方式和原因。②

---

① Wilfrid Sellars, "Ontology and the Philosophy of Mind in Russell," in George Nakhnikian ed. , *Bertrand Russell's Philosophy*, London: Barnes & Noble, 1974, 100.

② Donald Davidson, "A Coherence Theory of Truth and Knowledge," in *Subjective*, *Intersubjective*, *Objective*, Oxford: Clarendon Press, 1983, p. 143.

采纳了戴维森的观点后，我们就会发现“感觉告诉我如何如何”所描绘的是知识发生的原因。知识的原因自然重要，因为如果没有感觉信息的输入，我们就不能觉察到事物，知识更是无从谈起。但是“原因”不同于“理由”，感觉或许可以“导致”判断，却无法“辩护”判断。格特勒提供了一个生动的案例，用以说明“导致”与“辩护”的差异：女王的敌人在饮料里下了一种能够滋生妄想症的毒药，女王于不知情的状态下一饮而尽。药物迅速起效，女王的妄想症开始出现，她总觉得“存在着一个想谋害我的敌人”①。无疑，女王所做的判断为真，因为从上帝视角来看，的确有位想谋害她的敌人。毒药起作用后，也促成（导致）了女王这个真判断的形成。此时，尽管该判断为真，且能在因果层面得到说明，却无法获得认知辩护，因为“存在着一个想谋害我的敌人”是女王凭空突然产生的一个想法，没有任何其他的理由与其关联，女王亦没有很好的理由去说服自己相信这一判断。当然，女王可以采取验血、盘问门卫或调查监控等方式来证明自己的想法，但是请注意，一旦女王采取了后续行为来质证，就已跳出了思想实验本身所设立的前提了，因为此时的女王已经将自己的认知状态放置于“理由的逻辑空间”之中。戴维森给我们带来的启示是，通过亲知而来的感觉经验虽带有直接性，此类“直接性”也的确可以帮助认知者形成知识，但是对于“知识辩护”而言并没有价值，更毋庸说为知识提供基础了。

二 无限后退论证

现在我们不妨换一个思路，如果感觉亲知没有知识价值，那么我们将感觉亲知拉入理由的逻辑空间，为它赋予了认知形式，不就可以帮助亲知以一种提供理由的方式来辩护知识了吗？

理论上来说的确可以，然而这又会产生新的风险，也即让认知

① Brie Gertler, *Self-Knowledge*, New York: Routledge, 2011, p. 98.

者陷入无限后退的过程之中。这种后退可以分为两类，“认知的无限后退”（epistemic regress）和“概念的无限后退”（conceptual regress）。

我们先说前者。认知的无限后退其实是由“推论辩护”的结构特征所带来的。推论辩护要求我们：

> 基于证据 E，而辩护地相信命题 P，需要：（1）辩护地相信证据 E；（2）辩护地相信证据 E 能够增加信念 P 的或然性。①

命题 P 的或然性依托于经验证据 E，而经验证据 E 的或然性又往往依托于其他证据 E_2，证据 E_2 又依托于 E_3，如此递推，始终处于一个无限后退的过程。任何一位生命有限的认知个体无法持有数量无限的辩护信念，因此，如果所有命题都是推论的，那么身为认知者的我们就无法习得任何命题。

套用在上面的案例中，女王的确可以将“存在着一个想谋害我的敌人”这个感觉报道转换成命题 P，但是这个命题 P 必须诉诸其他证据 E，比如女王的门卫说：“我看见敌人在您的杯中下了药”，但是 E 又需要其他的证据来佐证，因为门卫的感觉报道未必可靠。于是我们需要诸如“女王门卫必须通过层层筛选才能遴选上，其认知是有保证的”之类的证据 E_2。然而 E_2 的可靠性依然值得商榷，因为即使是经验老到的门卫，也会在某些时候一不留神看走眼了，错误地形成了相关信念。可见，女王在将感觉置于理由的逻辑空间之后，又会牵扯出无穷无尽的认知追问，难以彻底打住认知的后退。所以，贸然为认知赋予基础性的行为，并不能挽救亲知，反而会将其推入另一个艰难境地。

---

① Richard Fumerton, *Metaphysical and Epistemological Problems of Perception*, Lincoln; London: University of Nebraska Press, 1985, p. 40; and Richard Fumerton, *Epistemology*, Malden, MA.: Blackwell Publishing, 2006, p. 39.

如果说，“认知的无限后退”主要关涉的是命题与证据之间的或然性，认知者无法求得一个担保命题真值的高概率证据，那么“概念的无限后退”所针对的就是认知者与辩护本身的关系。“概念的无限后退”类似于艾耶尔所谓的“哲学怀疑论”（philosophical scepticism）[①]。正如为了理解“善”这个概念，我们并不需要穷尽所有与善相关的“例示”（诸如一切“雷锋”这般的善人，或是任何“保持规律生活”这样的善事），因为善的例示是无穷的，无法被有限的认知个体所尽数了解。相应地，我们要寻求的是“善”本身的内在“属性”。如是，方能真正地理解何谓“善”，进而有效地持有、使用“善”这一概念。

回到我们说的概念的无限后退这里。在辩护结构中，如果我们要辩护地相信命题P，我们就必须获得一种能够支撑我们相信命题P的理由，并且这类理由不是命题P的简单例示，而是P本身的内在属性，从而使我们能够不再怀疑P的有效性。可是存在着这样的属性P吗？属性P是否又要诉诸更深层次的属性Q？属性Q又会依赖于其他属性吗？如此类推，以至无穷。

套用在疑心女王的案例中，当女王严肃地将自己的感觉——“存在着一个想谋害我的敌人”——视为命题，那么她就会接着想“我凭什么会形成‘存在着一个想谋害我的敌人’的信念呢？”也许女王会通过如下推理来提升自己的确信：“因为我以前并不会无缘无故地出现怀疑情绪，而今天恰恰就有，这说明了的确存在着想谋害我的敌人。”不过此过程依然是有瑕疵的，因为这并不妨碍女王会接着想：“也许没有想陷害我的敌人，只是因为今天的大气阴沉，所以我才心生焦虑。”……对持有概念的怀疑会无限地持续下去。

如果说“认知的无限后退”所针对的是“我们的辩护能否有个

---

① Alfred J. Ayer, *The Problem of Knowledge*, London: Macmillan, 1956, pp. 35 – 41.

终点”，那么“概念的无限后退”则事关“我们的辩护何以可能”。但是无论是何种意义上的后退，都是推论结构所无法回避的。因为推论结构本身就预设了前提条件，它必然依靠另一个与自身有着相同结构的认知状态来作为起点。也就是说，一旦我们为亲知穿上了认知装备，那么亲知在获得辩护形式的同时，也失去了直接性。亲知到的外物就不能成功地打住认知循环和概念循环了。

第五章

亲知的认知辩护

面对种种批评意见，当代亲知论者积极回应，给出了许多完善方案。不少学者致力于在“直接性”与“基础性”之间求得一个新的平衡，以更具现实感的方式落实亲知理论的构想。亲知论者的研究重心大多围绕着回应“所与神话”展开，他们的努力或许可以借用费格尔的口号来加以概括：“所与并不完全是个神话。”① 亲知论者要做的不是像罗素那样径直抛弃亲知概念，而是建构一种能够回应“所与神话”挑战的亲知理论。

为了更直观地理解感觉“亲知”与知识“辩护”之间的关系，我们不妨参考下德波给出的一组区分：

(1) 认知者S亲知了（is directly acquainted with）事物P。

(2) 认知者通过直接亲知获知了（knows by direct acquaintance）事物P。②

德波指出，情形（1）与情形（2）的成真条件是不同的。对于

---

① Herbert Feigl, *The "Mental" and the "Physical": The Essay and a Postscript*, Minneapolis: University of Minnesota Press, 1958, p. 24.

② John M. DePoe, "Knowledge by Acquaintance and Knowledge by Description," *The Internet Encyclopedia of Philosophy*, 2013, http://www.iep.utm.edu/knowacq/.

情形（1）而言，只要认知者 S 亲知到了事物 P，比如疼痛的感觉，我们就能说情形（1）成立。

但仅仅拥有感觉层面的亲知还不足以形成“由亲知而来的知识”。理由很简单，即使是动物也能亲知疼痛的感觉，并根据亲知的痛觉而做出各种反应。但由于动物没有语言能力，无法形成命题态度或命题，更不要说在思想层面形成认知理由。质言之，动物虽有亲知，却无法凭借此亲知产生“由亲知而来的知识”，情形（1）的真值条件对于情形（2）的真值条件而言虽然必要，但并不充分。

那么亲知该如何在辩护层面发挥认识论作用，而非仅仅扮演因果过程中的一个环节？不少当代认识论学者努力探索，积极地谋求出路。诚如查尔默斯所洞识到的：塞拉斯“所与神话”只是阐明了推论可以成为“理由的逻辑空间”里的一种辩护方式，却未穷尽所有的辩护途径，认知者的亲知同样可以有效地辩护人类知识。[①] 于是，众多方案中涌现出了一股颇具代表性的解决思路——在保证感觉直接性的同时，将感觉概念化，从而赋予其认知的辩护形式，以使它能够成为知识系统里的一个环节。此脉络开始于富莫顿的非推论辩护（non-inferential justification），并在格特勒的内省辩护（introspection justification）中得到了发扬。

不过，一些当代亲知论者似乎过于专注“所与神话”，只关心那些质疑亲知基础性的理论挑战，却忽视了希克斯与艾杰尔等学者所质疑的亲知“直接性”。笔者认为，认真思考究竟如何理解亲知“直接性”，同样是非常重要的，甚至是帮助我们巩固亲知理论，避免跌入其他后继批评意见的必要环节。因而，在阐述亲知的概念化之后，笔者将借用麦克道（John McDowell）“最小经验论”的相关思想，对亲知的“直接性”作一番新的探索。笔者认为，整合非推

① David Chalmers, “The Content and Epistemology of Phenomenal Belief,” in Quentin Smith, Aleksandar Jokic eds., *Consciousness: New Philosophical Perspectives*, Oxford; New York: Oxford University Press, 2004, p. 264.

论辩护与最小经验论，是完善亲知理论的必要途径。

第一节 亲知的概念化方案

一 方案一：非推论辩护及其结构

富莫顿是最早尝试概念化亲知的学者。1985 年，他在著作《知觉的形上学与认识论问题》（*Metaphysical and Epistemological Problems of Perception*）里提出了"非推论辩护"，并在随后的三十余年间不断地发展此概念，为感觉经验跻身知识领域提供了可能。

在介绍富莫顿的非推论辩护之前，得先明确何为"推论辩护"（inferential justification）？举例来说，现有学制下，如果"张三获得了博士学位（标记为命题 A）"，那么"张三就至少写完了博士毕业论文（标记为命题 B）"，命题 A 与命题 B 之间属于推论关系。一旦理解了命题 A 的具体语义，以及当下的制度事实或其他日常经验，我们就能顺利地推论出命题 B 究竟为真还是为假。当然了，我们还能做出进一步推论，获得诸如"任何没写完毕业论文的人都无法获得博士学位（标记为命题 C）"之类的更为抽象的、具有普遍意味的命题。可见，推论辩护发生于命题系统内部，其构成内容是概念、命题和命题态度等带有思想属性、具有真假值的事物。

我们可以将"推论辩护"的结构概括如下：

> 基于证据 E，而辩护地相信命题 P，需要：（1）辩护地相信证据 E；（2）辩护地相信证据 E 能够增加信念 P 的或然性。①

---

① Richard Fumerton, *Metaphysical and Epistemological Problems of Perception*, Lincoln; London: University of Nebraska Press, 1985, p. 40; and Richard Fumerton, *Epistemology*, Malden, MA.: Blackwell Publishing, 2006, p. 39.

不过，推论辩护存在着问题。命题 P 的或然性依托于经验证据 E，而经验证据 E 的或然性又往往需要其他证据 E_2 的帮助，证据 E_2 又诉诸 E_3，如此递推，始终处于一个无限后退的过程。我们在上一章中就曾讨论过，这类认知的无限后退是任何一位生命有限的认知个体都无法应对的，因为认知者无法持有数量无限的辩护信念。由是观之，我们只能得到一个悲观的结论：如果所有命题都是推论的，那么作为有限的认知者，我们就无法习得任何命题。

上述结论显然有悖于我们的日常直觉。我们完全有理由去猜想：也许存在着某种能够遏制无限认知后退的辩护形式。这便是富莫顿所主张的"非推论辩护"——认知者的推论会止步于某个推论以外的支点，而这个支点，恰恰就是感觉。不同于推论辩护，非推论辩护中存在着无法用推论或命题加以表征的感觉内容。这类思想之外的事物是如何介入知识辩护中的呢？富莫顿给出的答案是把感觉概念化，为感觉赋予辩护形式，也即：

> 认知者非推论地辩护了信念 P，当且仅当，他持有信念 P，并且他亲知（acquainted with）了事实 P，思想 P，以及事实 P 与思想 P 之间的符合（correspondence）关系。①

在这个定义中，"事实 P"是指外在于认知者的事物（thing）或属性（property），我们一般也会用"真值制造者"（truth-maker）来称呼它。真值制造者独立于人的认识活动而存在，因而不存在真值与假值，只是在因果层面促成了真假值的形成。亲知论者大多会用"关系性"来界定认知者与真值制造者之间的关系，因为两者总是处于特定的接触关系之中。

相应地，"思想 P"则是指内在于认知者脑海中的信念、概念、

① Richard Fumerton, *Metaepistemology and Skepticism*, Lanham, Md. Rowman & Littlefield Publishers, 1995, p. 75.

命题或命题态度（propositional attitudes）。由于思想表征了外部事实，因而绝大部分思想[①]具有真假值的形式，我们往往会用“真值承载者”（truth-bearer）来指称思想 P。不同于事物或属性，思想是非关系属性（nonrelational properties）[②]，可以不依托于真值制造者而存在。

但是单独亲知事实 P 与思想 P，并不能为我们的感觉提供有效辩护，认知者还必须亲知到此两者处于一个“相符关系”之中。换言之，认知者必须在意识层面亲知到了事实 P 与思想 P 是相互符合的。完成了上述三个步骤，一个完整的非推论辩护才能形成，认知者获得了一种“元—知识”（meta-knowledge）[③]，此知识能够打住认知的后退，成为经验知识的基础。

需要强调的是，亲知虽然带有认知（cognitive）属性，但却不含知识（epistemic）属性。亲知状态并不等同于信念状态，更不具备命题形式，因为亲知本身不是一个推论性或判断性的知识行为，而是一种介于认知者和认知对象之间的特殊关系（sui generis relation）——一种亲密的、无中介的、将认知者与认知对象关联在一起的关系。在这个意义上，富莫顿强调，单独的亲知不能形成一个自足的知识辩护，唯有亲知到“事实 P”“思想 P”以及“事实 P 与思想 P 之间的符合关系”这三者，并将这三者按照充分且必要条件的形式组合在一起，才能形成一个完整的非推论辩护。

---

① 此处之所以会采用“绝大部分”这一说法，是因为有些思想或语言事件并不具备真假值，比如根据言语行为理论，命令式的言语行为（比如“请你去开下门”）之中没有真假判断可言。科布（Ryan Daniel Cobb）较早地点明了不是所有的语言事件都是真值承载者，详细可见：Ryan Daniel Cobb, *Dissolving Some Dilemmas for Acquaintance Foundationalism*, Ph. D. dissertation, University of Iowa, 2016, p. 32.

② Richard Fumerton, “Classical Foundationalism,” in Michael R. DePaul ed., *Resurrecting Old-Fashioned Foundationalism*, Lanham, Md.: Rowman & Littlefield Publishers, 2002, p. 12.

③ Richard Fumerton, “Review of Michael Bergmann's Justification without Awareness: A Defense of Epistemic Externalism,” *Notre Dame Philosophical Reviews*, 2007, http://ndpr.nd.edu/review.cfm?id=9104.

在“所与神话”看来，“亲知到某个事物P”若要具有可信性，就必须识别出该亲知行动自身遵守了相应的认知规则，但这无法实现于“亲知到某个事物P”这一单独的亲知行动中，因为一旦我们要考察亲知行动是否遵守了规则，就必然会产生另一个审核亲知合法性的亲知行动，此时已然超出了“亲知到某个事物P”的范畴。从另一角度来看，认知者也可以动用判断能力，来考察“亲知到某个事物P”是否遵守了认知规则，但该行动无疑已经步入了“理由的逻辑空间”之中，不再具有亲知所要求的感觉直接性。

然而对于非推论辩护来说，“所与神话”批判似乎并不适用。因为一方面，非推论辩护不再把亲知视为知识状态，而是将亲知界定为认知者与认知对象之间的关系，也就是说，并非一旦成功地亲知了某物，认知者就会对该物形成相应的知识。正是在这个意义上，富莫顿多次表态，虽然其理论根据是罗素的“亲知”理论，但他却“不会使用‘由亲知而来的知识’这个陈旧术语”[①]。另一方面，在把事物P概念化的过程中，非推论辩护仅动用了与此事物P相关的认知资源，也即亲知到了能够描述该事物P的命题P，以及亲知到了事物P与命题P的符合关系，除此之外没有涉及其他概念、思想、命题或命题态度层面的知识资源。因此，即使非推论辩护概念化了亲知，这种概念化也被限制在最小的范围内，没有超脱出“亲知到某个事物P”以外。因而能够在回应戴维森质疑的同时，保证非推论辩护始终关联着外部实在。查尔默斯的解释颇能点明富莫顿的用心：“亲知是比信念更为原始的关系，它本身并不构成信念，但却为我们的信念提供了证据。”[②] 富莫顿对亲知的改造正是在这个意义上进行的。

当然富莫顿也坦言，在某些时候，我们会亲知到某类与真值制

---

① Richard Fumerton, *Metaepistemology and Skepticism*, Lonham, Md.: Rowman & Littlefield Publishers, 1995, p. 74.

② David J. Chalmers, *The Conscious Mind: In Search of a Theory of Conscious Experience*, New York: Oxford University Press, 1996, p. 198.

造者P极为相似的真值制造者Q（真值制造者P不同于真值制造者Q）。并且尴尬的是，认知者还有可能在此基础上继续亲知到真值承载者P，以及真值制造者Q（此时，认知者误以为这是真值制造者P）与真值承载者P的符合关系。举例来说，某人腿部感到疼痛，形成了“我感到疼痛”的命题，并且将自己的感觉填充进了该命题里面。但关键问题在于，根据疼痛等级的排列，此时他所经受的感觉尽管与疼痛非常相似，却只是一种刺痒，尚达不到疼痛的等级。换言之，认知者错误地亲知了刺痒（真值制造者Q）与命题“我感到疼痛”（真值承载者P）之间的符合关系，从而形成了一个错误的非推论辩护。于是富莫顿认为，我们所坚持的基础主义并不是传统意义上的、不可错的基础主义，而是一种能够容纳错误的基础主义。这是为了打住认知后退而不得不做出的理智妥协。但即使如此，我们借助亲知而形成的非推论辩护，也具有高度的认知价值，因为它为我们带来了“理智保证”（intellectual assurance）[①]。

二　方案二：内省辩护

非推论辩护结构一经提出，便引起了不少亲知论者的拥护。继富莫顿之后，格特勒进一步倡导了“亲知进路”（acquaintance approach）的研究主张。

相较富莫顿的治学思路，格特勒的创新之处体现于：她在承继非推论辩护精神的同时，着重阐发了“内省”（introspection）这一概念，并将它视为亲知的核心要旨。用充分必要条件来加以刻画，可以获得如下定义：

> 关于经验F（现象性质F实现于其中），认知者获得了“由

① 富莫顿指出，这种理智保证与认知者的好奇心相关。当认知者对自己的亲知产生困惑或怀疑时，他便会问自己为什么，于是促使其进一步去寻找形成信念的合法性。认知者的好奇心总会在某一处获得满足，那么认知者便于那一刻获得了理智保证，尽管此时认知者未必获得了真命题。

> 亲知而来的知识”（knowledge by acquaintance），当且仅当，（1）认知者直接觉知（directly aware of，引者注：在格特勒语境中，直接觉知等同于内省）到了经验 F；（2）认知者直接觉知到了“经验 F 现在正在发生”的判断；（3）认知者直接觉知到了条件（1）中的经验 F，使条件（2）中的判断得以成真。①

乍看之下，格特勒关于内省辩护的说法似乎与非推论辩护没有太大差异，它们都要求认知者亲知/直接觉知到真值制造者、真值承载者以及两者的相符关系。但是细细比较的话，我们还是能够感受到格特勒的推进之处。

第一，富莫顿花了大量篇幅论述亲知“真值制造者”，以及“亲知真值制造者与亲知真值承载者之间的相符关系”，却对如何亲知“真值承载者”着墨不多。此工作在格特勒“现象显现”（phenomenal appearance）和“认知显现”（epistemic appearance）② 的概念区分中得到了很好的落实。以唐奈兰（Keith S. Donnellan）著名的“喝马蒂尼的男人”③ 为例。在聚会中，A 觉得拿着马蒂尼酒杯（一种高脚斗形敞口的专用酒杯）的 B 很有意思，于是问 C：“那位喝马蒂尼的人是谁?”巧合的是，B 虽然拿着马蒂尼的杯子，但里面装着的其实是水（水和马蒂尼酒均是无色透明的）。即使 A 所提问题的成真条件与 B 完全不符，但这并不妨碍 C 理解 A 的话语含义，并且 C 亦能做出有效的指称行为，比如将 B 的名字告知于 A。在这一过程中，A 只是看到了 B 手持马蒂尼酒杯，以及酒杯中装着透明液体，不过这并不妨碍他不自觉地形成诸如“那里有位喝马蒂尼的人”的

---

① Brie Gertler, “Renew Acquaintance,” in Declan Smithies, Daniel Stoljar eds., *Introspection and Consciousness*, Oxford: Oxford University Press, 2012, p. 112.

② Brie Gertler, “Renew Acquaintance,” in Declan Smithies, Daniel Stoljar eds., *Introspection and Consciousness*, Oxford: Oxford University Press, 2012, p. 107.

③ Keith S. Donnellan, “Reference and Definite Description,” *The Philosophical Review*, Vol. 75, No. 3, 1966, p. 287.

错误判断。

也就是说，“内省指称”不同于“知觉指称”——尽管 B 在 A 的知觉经验中会有一个现象层面的显现，但是 A 能够基于自身的经验资源（比如 A 经常饮酒，他知道高脚斗形敞口酒杯是用来盛装马蒂尼酒的）而在内省活动中形成超越现象显现的认知显现。这正是富莫顿所言而未尽意的亲知“真值承载者”。在亲知对象的过程中，认知者会不自觉地调用自身的认知资源，在内省活动中形成一个能够与真值制造者（现象显现层面的真值制造者）相匹配的真值承载者。

第二，格特勒论证了在某些情况下，相较于普通的认知判断，内省判断（亲知）是一种更强的判断。为此，格特勒设计了一个思想实验：两位认知者品尝同一款红酒，假设两人的身体状态（不存在味觉失常），抑或是红酒自身的醒酒程度都一模一样。对于饮酒经验较为匮乏的新手来说，他感受到的是淡淡的红酒味，而资深品酒师却能直接品尝出该酒的品类是俄勒冈的黑皮诺。此时，在品酒师的内省状态下，该红酒既有淡红酒特征的现象显现（当然，此处的现象显现也伴随着相应的“这杯酒是淡红酒”的认知显现），也有基于品酒师日积月累的经验而形成的专业直觉，或曰认知显现，也即该葡萄酒不仅是淡红酒，并且还是俄勒冈黑皮诺的口感。此时，如果品酒师颇为自信，那么他就会选取“这杯酒是俄勒冈黑皮诺”的认知显现断言；相反，假使该品酒师“多虑而谨慎”（scrupulously cautious），为了尽可能避免鉴酒时发生错误，他会退而求其次地断言确信度较高的认知显现：“这杯酒是淡红酒”，而不是冒险地宣称：“这杯酒是俄勒冈黑皮诺。”

为什么要强调“多虑而谨慎”呢？这是因为如果我们贸然相信自己的认知显现，则有时候会在内省过程中，将经验中的一些推论代入亲知里面，从而产生“误导性的认知显现”（misleading epistemic appearance）。对于一位谨小慎微的认知者而言，他会在内省中“剪裁掉（prune away）潜在的误导显现”，避免在经验中添加原本不存在的事物（比如添加额外的认知判断）。格特勒这一洞见可以直接用于"斑点母鸡"的思想实验，尽管母鸡身上的48枚斑点会按照现象显现的方式呈现于认知者的心智面前，但是作为一位多虑而谨慎的认知者，他会退而求其次地说："这只母鸡身上有许多斑点。"

通过内省活动，认知者既关联了认知者与外部世界，又使得这一关联具有命题形式，存在真值和假值，从而能够进入知识辩护之中。此时应当注意的是，内省的辩护中的真假值属性并非来源于该命题与其他关联命题之间的融贯关系，而是与真值制造者（事物或属性）息息相关的，并且受到认知者"多虑而审慎"的限制。格特勒指出，如果遵守上述条件，那么相较没有与真值制造者产生关联，或是那些随意获得的辩护信念，亲知的内省辩护会呈现出更强的辩护属性。①

三　整合非推论辩护与内省辩护

在阐发亲知的内省辩护时，格特勒于多个场合宣称："为了呈现一个当代亲知理论的普遍图景，我抹去了各种具体版本间的细微区别（differences in detail）。"② 然而在笔者看来，格特勒抹去的并不是"细节上的区别"，而是"实质上的区别"。笔者认为，富莫顿的非推论辩护与格特勒的内省辩护虽然都围绕着亲知展开，却给亲知赋予了不一样的职能。

（一）"亲知事实"的歧义性

富莫顿提出非推论结构的理论目的之一是回应"所与神话"批判，也就是说，他的问题意识是接续着塞拉斯的思想而来的。那么

---

① Brie Gertler, "Renew Acquaintance," in Declan Smithies, Daniel Stoljar eds., *Introspection and Consciousness*, Oxford: Oxford University Press, 2012, p. 99.

② Brie Gertler, *Self-Knowledge*, New York: Routledge, 2011, p. 101. 在《重建亲知》"Renew Acquaintance"一文中，格特勒也给出了相似的说法，见：Brie Gertler, "Renew Acquaintance," in Declan Smithies, Daniel Stoljar eds., *Introspection and Consciousness*, Oxford: Oxford University Press, 2012, p. 112.

在概念术语方面，富莫顿也应当尽可能地尊重塞拉斯的使用习惯。

然而富莫顿论述非推论辩护结构的充分必要条件时，将“事实”也算作亲知的重要对象之一。“事实”能否像“事物”或“属性”一样成为亲知的合法对象呢？至少在塞拉斯的语境里，这是有待商榷的。对塞拉斯而言，不同于简单的“事物”或“属性”，“事实”中蕴含着“某物是如此这般”（something is being thus-and-so）或“某物与另一物处于一个特定的关系之中”（something is standing in a certain relation to something else）之类的结构①，因而往往是命题性的，或曰“在命题层面被建构的”（propositionally structured）②。甚至在罗素口中，也明确地将“事实”区别于具体事物，他说：“当我说‘事实’，我所知的是通过‘是如此这般’（that so-and-so is the case）的语汇加以表达的事物。在此意义上，‘事实’与既存的可感事物是不一样的。”③

当然，也许有人会反驳说，非推论辩护的第二个必要条件是亲知真值承载者，真值承载者就得通过信念和命题来表达。也就是说，在非推论辩护中，亲知蕴含着命题结构的“事实 P”似乎并无大碍，完全吻合非推论辩护的宗旨。

笔者认为上述反驳带有误导性。非推论辩护的确能够亲知带有命题成分的“思想”，但是这发生于非推论辩护的第二个阶段（也即“亲知真值承载者”），并不能有效地推导出在“亲知真值制造

---

① Wilfrid Sellars, “Empiricism and the Philiosophy of Mind,” in Willem A. DeVries and Timm Triplett eds., *Knowledge, Mind, and the Given: Reading Wilfrid Sellars's “Empiricism and the Philosophy of Mind,” Including the Complete Text of Sellars's Essay*, Indianapolis; Cambridge: Hackett Publishing Company, 2000, p. 206.

② Willem A. DeVries and Timm Triplett, “Glossary,” in Willem A. DeVries and Timm Triplett eds., *Knowledge, Mind, and the Given: Reading Wilfrid Sellars's “Empiricism and the Philosophy of Mind,” Including the Complete Text of Sellars's Essay*, Indianapolis; Cambridge: Hackett Publishing Company, 2000, p. 185.

③ Bertrand Russell, “On the Nature of Acquaintance: Preliminary Description of Experience,” *The Monist*, Vol. 24, No. 1, 1913, p. 9.

者”的第一个阶段之中也可以摄入命题内容。事实上，非推论辩护之所以能够打住认知循环，恰恰是因为非推论辩护的第一个步骤是亲知一个外在于认知者的、独立于认知者语义系统的真值制造者（“事物”或“属性”），如果真值制造者里渗透着属人的命题结构，那么我们就很难说真值制造者是一种外部实在了。相应地，由此形成的辩护就不再是非推论辩护，而是推论辩护。因此，若想证明非推论辩护的有效性，亲知的真值制造者就不能是带有命题结构的“事实”，而只能是“事物”或是事物的“属性”。

（二）“亲知”还是“由亲知而来的知识”？

格特勒与富莫顿看似都在论述亲知，但是他们的侧重点有所不同。格特勒更加关心亲知该如何有效地概念化，从而进入认知辩护的系统之中。至于亲知怎样才能回避“所与神话”，格特勒所谈甚少。所以在格特勒的论述中，她更愿意思考和回应戴维森“感觉无法提供辩护”这一论题，却对塞拉斯的“所与神话”批判不置可否。甚至在界定内省判断的时候，格特勒使用的术语也是“由亲知而来的知识”，而非“亲知”。

然而富莫顿所要应对的，恰恰是被格特勒冷落的“所与神话”。“亲知”无疑是非推论辩护里的重要一环，可是“由亲知而来的知识”是否也能顺理成章地走进非推论辩护呢？答案是否定的，因为“由亲知而来的知识”既有可能是非推论的（比如感觉），也有可能是推论的（比如认知者A没有吃过榴莲，不知晓其具体滋味，吃过榴莲的B将自己的亲知体验告知给A，此时对于A而言，B的亲知报道就是“由亲知而来的知识”，但很显然，B的报道中有可能存在推论层面的认知加工）。

笔者此前一再表明，非推论辩护或内省辩护的独特之处，便是摆脱了怀疑论，不会像推论辩护那般陷入无限后退之中。现在我们又要重新把“由亲知而来的知识”这类能够兼容推论属性的概念拉到论域之中，颇有引狼入室的嫌疑。格特勒过于草率地承认了“由亲知而来的知识”的合法性，因而其内省辩护需要作出重新调整。

综上所述，富莫顿与格特勒提供的方案各有利弊。笔者建议，我们可以用富莫顿的非推论辩护结构作为蓝本，只不过应将其中的“亲知事实P”改为“亲知事物P”（或“亲知属性P”）。现在，我们获得了如下整合版本的非推论辩护：

认知者非推论地辩护了信念P，当且仅当，他持有信念P，并且他亲知（acquainted with）了事物P，思想P，以及事物P与思想P之间的符合（correspondence）关系。

第二节　重陷“所与神话”？

通过分析，我们了解了非推论辩护如何帮助亲知进入知识领域，进而为知识提供理由。但现在的问题是，在赋予了感觉以知识形式之后，非推论辩护又是否会重新陷入“所与神话”？学者们将亲知视为认知者与认知对象之间的“最大亲密性”（maximal intimacy）[①] 的企图，究竟能否立足于当代认识论？目前，有不少学者对此产生了质疑。

一　内在主义两难

富莫顿一再强调，亲知本身不带有认知属性，唯有当亲知了真值制造者、真值承载者以及真值制造者与真值承载者之间的符合关系，三者才共同构成一个完整的非推论辩护，方能具备认知意义。不过，仍然有学者认为这套认知结构所诉诸的认知要求过于严苛了。

其中最具针对性的反驳，莫过于伯格曼设计的“内在主义两难”

---

① Benj Hellie, “Acquaintance,” in Tim Bayne, Axel Cleeremans, Patrick Wilken eds., *The Oxford Companion to Consciousness*, Oxford; New York: Oxford University Press, 2009, p. 6.

(a dilemma for internalism)。伯格曼认为，各种版本的内在主义均预设了一种觉知条件，认知者不仅要对真值制造者有所觉知，还得觉知到与真值制造者相关的信念（也即真值承载者），并且这些信念能够支持认知者的觉知（也即真值制造者与真值承载者必须相符）。伯格曼如是定义了觉知要求：

> 认知者S的信念B若能得到辩护，当且仅当：(1) 存在着某物X，能够对辩护信念B起到贡献——比如，关于信念B的证据、关于信念B的真值指示（truth-indicator），或是辩护信念B所需满足的某些必要条件——以及（2）认知者S觉知（或潜在地觉知）到了X。[①]

觉知条件是内在主义（internalism）区别于外在主义（externalism）[②] 的重要之处。内在主义并不满足于从观察者视角来审视知识形成的过程，而是将知识以及知识辩护牢牢地与认知者自身的视角锁定在一起。认知者必须对于真值制造者的"相关信念"（而不仅仅是单独的真值制造者）有所辩护。无论是富莫顿的非推论辩护，还是格特勒的内省辩护，除了强调真值制造者之外，均承诺了真值承载者，以及认知者亲知或内省到了真值制造者与真值承载者的符合关系。否则，认知者就无法回避"主体视角反驳"（the subject's perspective objection），也即：

---

① Michael Bergmann, *Justification without Awareness: A Defense of Epistemic Externalism*, Oxford; New York: Oxford University Press, 2006, p. 9.

② 内在主义与外在主义是认知辩护的两种不同学说。内在主义认为认知者必须对认知辩护过程有一种内在于认知者心灵的把握，才能说认知者获得了知识。而外在主义则认为，即使不存在内在把握，只要认知者的认知过程是可靠的，我们依然可以视认知者获得了知识。亲知论无疑是内在主义立场。考虑到内在主义与外在主义之争涉及的论辩头绪非常多，笔者此处不做过多展开，仅是提及这两种立场，用以辅助说明伯格曼的"内在主义两难"。

如果认知主体在持有信念的时候，并没有觉知到信念所主张的究竟为何，那么认知主体就不会觉知到此信念的地位，与飘忽的预感或是武断的确信之间有什么区别。由此我们可以得出结论，从此认知主体看来，他所获得的真信念只是偶然的。这也意味着该信念没有得到辩护。[1]

为了排除认知辩护中的认知运气与偶然性，认知者必须满足“觉知要求”，以捆绑真值制造者和真值承载者，从而使其辩护具有认知层面的权威性和有效性。然而伯格曼指出，内在主义者看起来为知识添加了一个关于觉知的必要条件，好似成功地规避了“主体视角反驳”，却没有注意到这会使内在主义自身陷入新的两难情境。伯格曼将其命名为“内在主义两难”：

(1) 内在主义的核心特征，是让认知者对辩护贡献者 (justification-contributor) 的真实或潜在觉知，成为认知者所持有的任何信念辩护的必要条件。

(2) 内在主义所要求的觉知要么是强觉知，要么是弱觉知。

(3) 如果内在主义需要的是觉知是强觉知，那么内在主义就会陷入无限后退的恶循环，进而导致彻底的怀疑论。

(4) 如果内在主义需要的觉知是弱觉知，那么内在主义就会受到主体视角反驳的攻击，因而也就失去了提出觉知要求的主要动机。

(5) 如果内在主义要么会导致彻底怀疑论，要么会失去提出觉知要求的动机（比如避免主体视角反驳），那么我们就不应该承认内在主义的合法性。

---

① Michael Bergmann, *Justification without Awareness*: *A Defense of Epistemic Externalism*, Oxford; New York: Oxford University Press, 2006, p. 12.

（6）因此，我们不应该认可内在主义。①

内在主义者一旦引入了觉知条件，那么无论该觉知条件是强是弱，均会带来不良的后果。上述六个命题中，命题（3）与命题（4）是全部论证的核心，我们先来分析命题（3）。

如果觉知是一种强觉知，认知辩护中所需要的相关信念或真值就必须作为觉知的对象，内在地构成于认知辩护之中，并对辩护起到增益。此时，认知者的认知状态内部就必须蕴含概念能力。因此，伯格曼也将这类觉知要求视为“概念觉知”（conceptual awareness）②，认知者之所以能够辩护地相信作为证据的事物 X 对于信念 B 有认知贡献，是因为：

P_1：X_1以某种特定方式，关联着持有信念 B 的合理性。

但关键是，P_1的合理性来自何处？我们往往需要进一步的信念P_2来加以辩护，也即：

P_2：X_2以某种特定方式，关联着持有信念“X_1以某种特定方式，关联着持有信念 B 的合理性”的合理性。

不过，命题P_2的合理性又将诉诸命题P_3：

P_3：X3 以某种特定方式，关联着持有信念“X_2以某种特定方式，关联着持有信念‘X_1以某种特定方式，关联着持有信念

① Michael Bergmann, *Justification without Awareness: A Defense of Epistemic Externalism*, Oxford; New York: Oxford University Press, 2006, pp. 13 – 14.

② Michael Bergmann, “A Dilemma for Internalism,” in Thomas M. Crisp, Matthew Davidson eds., *Knowledge and Reality: Essays in Honor of Alvin Plantinga*, Netherlands: Springer, 2004, p. 142.

B 的合理性’的合理性”的合理性。

由于摄入了概念成分，命题的合理性就必须诉诸下一个命题：P_1需要 P_2，P_2又乞灵于 P_3……如此循环往复，直至无穷，于是认知者便陷入了彻底怀疑论之中，认知也就成为不可能。

如果将觉知视为弱觉知，那么内在主义为外在主义者设下的“主体视角反驳”，亦会作用于内在主义自身。伯格曼区分了两种弱觉知，一类是非概念弱觉知——认知者能够以非概念的方式觉察到事物 X 关联着信念 B。然而这类不借助概念化能力的觉知无法将事物 X、信念 B 以及事物 X 和信念 B 的关系安置于一个合理的概念框架之内，由此而得出的结论无法区别于飘忽的预感或武断的确信。另一类弱觉知是概念弱觉知。此类弱觉知诉诸概念化能力，虽能够觉知到对信念有辩护助益的事物 X，但却无法进一步把握作为真值贡献者的事物 X 如何能够关联信念 B 的真值，依然排除不了认知偶然性。可见，无论是非概念弱觉知，还是概念弱觉知，都无法成功担当认知辩护的角色，持此类立场的内在主义者会重新步入他们为竞争对手们（外在主义者）设下的“主体视角反驳”。

综上所述，一旦内在主义者承诺了觉知要求，那么他们便身处两难境地之中：要么难以逃脱彻底怀疑论，要么陷入“主体视角反驳”。

笔者认为，“内在主义两难”是塞拉斯“所与神话”的一个翻版，其讨论的核心依然是感觉如何在为知识提供辩护的同时，不丧失其自身的直接性。只不过伯格曼的批评更加精准地指向了真值制造者与真值承载者的符合关系（在伯格曼的术语里，是真值贡献者与信念之间的关联）。

二　非推论辩护与“简单几何与计数”能力

笔者认为，如果是伯格曼为内在主义重新设下了两难情境，那么索萨则为解决此两难添加了新的砝码，使亲知论者更加身陷囹圄。

索萨的批评围绕着亲知真值制造者和亲知真值承载者的相符关

系而展开。他首先区分了两种觉知：（1）注意型觉知（noticing awareness），也称理智觉知，是指认知者对当下正在注意到的事物进行判断，或选择采取相信的状态；（2）经验型觉知（experiential awareness），是指认知者直接意识到经验中的一些特定细节。[①] 索萨认为，认知者具有经验型觉知并不必然地蕴含着注意型觉知，当觉知从经验型觉知过渡到注意型觉知时，认知者往往已经发动了推论层面的认知能力。

让我们把索萨的概念区分引入“斑点母鸡”的思想实验。当认知者眼前有 3 枚斑点时，他能在心智前形成与之相应的索引概念、现象概念和“简单几何与计数”（simple geometric and arithmetical，索萨将其简写为 SGA）概念。认知者可以按照下述三种方式来报道自己的视觉经验：“斑点当前在我眼前呈现（索引概念）”、“斑点按照我所感知到的样子如是呈现（现象概念）”以及“斑点的数量为 3 枚（SGA 概念）”。在斑点数量较少的时候，三类概念组合在一起，“好似”能够帮助认知者可靠地获得一些带有基础主义性质的命题，比如“这只母鸡身上有 3 枚斑点”。

不过，一旦我们把斑点母鸡身上的斑点从 3 枚升级成 48 枚，问题便会接踵而至。此时，认知者虽然可以继续可靠地陈述“斑点当前在我眼前呈现（索引概念）”和“斑点按照我所感知到的样子如是呈现（现象概念）”，却无法直接准确地说出“斑点的数量为 48 枚（SGA 概念）”。因为识别此类复杂的图像已经超出了一般人的 SGA 计数阈值，无法提供直接的可靠性。

索萨指出，索引概念和现象概念都是相对“单薄”（thin）的经验型觉知状态，它们可以应用于认知对象所体现出的“可感特征”（perceptible characteristic），却全然不同于带有辨识能力（discrimina-

---

① Ernest Sosa, “Beyond Internal Foundations to External Virtues,” in Laurence BonJour, Ernest Sosa eds., *Epistemic Justification: Internalism vs. Externalism, Foundations vs. Virtues*. Oxford: Blackwell Publishing, 2003, p. 119.

tory capacities）和识别能力（recognitional capacities）的 SGA 概念，后者是一种更加“厚”（thick）的注意型觉知。面对少量的斑点数，从薄到厚的认知过程难以显现，然而一旦提升了斑点数量，我们就不得不正视索引概念/现象概念与 SGA 概念之间的沟壑了。

除非认知者拥有过人的图像识别能力，否则他只能机械地采用数数的方式来了解斑点母鸡身上的斑点数，然后得出“斑点的数量为 48 枚”的经验结论。可是一旦认知者采取了数数的方式，那意向性与判断势必又参与在其中，由此而得到的辩护虽然带有可靠性（reliability），但该辩护“将是推论性的，而非基础性的”①。在索萨看来，在进行认知辩护时，以亲知理论为主要代表的基础主义太过“单薄”，无法兼容其所预期的“厚实”结论。当我们试图跳脱经验型觉知而动用注意型觉知能力，虽能从单薄迈向了厚实，却又失去了基础主义本身的非推论意蕴。可以看出，索萨的反驳进一步精准地论述了为什么在许多场合，认知者虽亲知到了真值制造者，却无法亲知真值制造者与真值承载者之间的符合关系。给回应“内在主义两难”增添了难度。

三 可错亲知论带来的其他两难

前面提到，富莫顿曾承认非推论辩护是可错的。根据富莫顿的理论，在正常情况下，亲知真值制造者、真值承载者以及两者之间的相符关系，我们便会获得一个具有非辩护价值的知识；在某些情况下，如果认知者亲知了一个与真值制造者 P 相似、实则却并不是 P 的真值制造者 Q，同时他又亲知了命题 P，以及错误地亲知了 Q 与 P 之间的符合关系，那么此时认知者便获得了一个错误的非推论辩护。

---

① Ernest Sosa, “Privileged Access,” in Quentin Smith, Aleksandar Jokic eds., *Consciousness: New Philosophical Perspectives*, Oxford; New York: Oxford: University Press, 2003, pp. 273 – 292.

富莫顿的可错非推论辩护引起了波斯顿和巴兰蒂尼的不满。波斯顿指出，富莫顿式的可错非推论辩护似乎表明，亲知真值制造者对于非推论辩护而言不再必要。① 巴兰蒂尼对波斯顿的观点表示认同，并用一个更为形象的例子论证了可错非推论辩护的问题。

试想认知者感受到了微痛，但此时痛又与刺痒极为相似，那么他面前就有两个非推论辩护，一个是正确的非推论辩护，另一个是错误的非推论辩护，两个辩护的真值制造者（微痛与刺痒）高度相似性。我们将它们分别表述为：

(1) 我亲知了“我此刻感到微痛”的事实，(2) 我亲知了“我此刻感到微痛”的信念，以及 (3) 我亲知了介乎于 (1) 与 (2) 之间的关系；

(1) 我亲知了“我此刻感到刺痒”的事实，(2) 我亲知了“我此刻感到刺痒”的信念，以及 (3) 我亲知了介乎于 (1) 与 (2) 之间的关系。

此时，认知者为了将正确的非推论辩护筛选出来（在此案例中，即为排除“刺痒”而保留“微痛”），他必须进一步亲知良好情况下的事实、良好情况下的命题，以及两者之间的符合关系，也即：

首先，亲知良好情形下的事实：存在着如下的事实——(1) 我亲知了“我此刻感到微痛”的信念，(2) 我亲知了“我此刻感到微痛”这一事实，以及 (3) 我亲知了介乎于 (1) 与 (2) 之间的关系；

其次，亲知良好情况下的命题：(1) 我亲知了“我此刻感到微痛”的信念，(2) 我亲知了“我此刻感到微痛”这一事

① Ted Poston, “Similarity and Acquaintance: A Dilemma,” *Philosophical Studies*, Vol. 147, 2010, pp. 376 – 377.

实，以及（3）我亲知了介乎于（1）与（2）之间的关系。

亲知到的事实与命题共同组成一个新的复杂事实（complex fact），巴兰蒂尼将其命名为“更高层事实”（higher-level fact）①，我们可以将更高层事实刻画如下：

> 再次，亲知存在着如下的事实——（1）我亲知了“我此刻感到微痛”的信念，（2）我亲知了“我此刻感到微痛”这一事实，以及（3）我亲知了介乎于（1）与（2）之间的关系；（4）良好情形中的命题；（5）良好情形中的事实；（6）存在于（4）和（5）之间的符合关系。

关于这个更高层事实，我们亦可以获得关于更高层事实的命题：

> 复次，亲知存在着如下的命题——（1）我亲知了“我此刻感到微痛”的信念，（2）我亲知了“我此刻感到微痛”这一事实，以及（3）我亲知了介乎于（1）与（2）之间的关系；（4）良好情形中的命题；（5）良好情形中的事实；（6）存在于（4）和（5）之间的符合关系。②

上述过程的核心与“所与神话”和“内在主义两难”是一致的，它们所攻击的靶子始终围绕着“单独的亲知无法担保认知的可信性”而展开，在可错亲知论的视域下，两难情形暴露得更加明显。

一方面，即使我们获得了更高层事实和更高层命题，似乎也不能有效地打住我们进一步的追问，我们如何知道更高层事实、更高

---

① Nathan Ballantyne, “Acquaintance and Assurance,” *Philosophical Studies*, Vol. 161, 2012, p. 427.

② Nathan Ballantyne, “Acquaintana and Assurance,” *Philosophical Studies*, Vol. 161, 2012, p. 428.

命题以及两者之间的相符就是最好的，没有任何挫败其可靠性的可能了呢？认知者会始终像强迫症患者一般陷入怀疑论之中。更为可怕的是，这种怀疑会使得真值一点点流失①，假设认知者始终对自己保持90%的怀疑，那么当他第一次怀疑时，真值的可能性为0.9，第二次时为0.9×0.9=0.81，第三次时为0.9×0.9×0.9=0.729……如果怀疑不停止，真值就会无限流失，无限趋近于0。

另一方面，也是最为重要的，亲知更高层事实和命题似乎已经跳脱出非推论的范围，而进入了推论的领域。试想，就算认知者在某一刻打住了好奇心，总结自己所获得的一系列事实、良好事实和更高层事实，以及相对应的命题、良好命题和更高层命题，进而得出结论："我切实地相信我正在经受微疼"。但是很显然，此时认知者所面对的已经不是最初意义上的非推论辩护了，而是一堆缠绕在一起的事实与命题。此时提供认知担保的既不是亲知，也不是非推论辩护，而是推论辩护。

第三节　化用最小经验论

针对伯格曼、索萨、波斯顿和巴兰蒂尼的批评，富莫顿以及其他亲知论者做出了相应的答复。然而在笔者看来，他们的回应并不能令人信服。这在很大程度上源于亲知论者所持有的理论资源并不充分，尚未把握住某些精细的概念区分。笔者认为，麦克道的相关思想能够对当代亲知论者产生增益，非推论辩护结构应该试着将最小经验论纳入其中。所以，在介绍亲知论者的相关回应之前，笔者想先交代麦克道的理论。

---

① Ted Poston, "Similarity and Acquaintance: A Dilemma," *Philosophical Studies*, Vol. 147, 2010, p. 377.

一 麦克道的初版概念论

与富莫顿相仿，麦克道概念论的思想起点也来自塞拉斯“所与神话”批判。麦克道把世界与心灵的关系比喻成跷跷板，“所与神话”和“融贯论”是跷跷板的两端。倘若直接认可世界作用于心灵的因果关系，并将感觉经验视为知识，就会导向“所与神话”；强调认知辩护只发生于信念系统内部，又会走向“融贯论”这另一个极端，而将心灵的旋转置于虚空之中，缺少和真实世界的摩擦。

为此，麦克道提出了概念论的主张——与世界产生接触的感觉无法单独地提供知识，感性经验里蕴含着概念能力的实现。然而这并不意味着麦克道是一位融贯论者，因为根据麦克道的观点，概念能力在感性之中是以接受、被动的方式加以运作的，全然不同于在思维中自主、自由行使的判断。概括地说，通过感觉而形成的经验处于“接受性与自发性无法分离地结合在一起的状态”①。

不过，麦克道面临着一个棘手的问题。以颜色为例，我们在操作 Word 文档时可以给字体添加颜色。现行颜色库一般被称为“RGB色彩空间”，也即将三原色红色（red，标记为 R）、绿色（green，标记为 G）和蓝色（blue，标记为 B）的亮度分别划为 256 个等级（标记为 0 到 255），通过不同明暗度的三原色的组合，我们能够获得任何想要的颜色。由于每种颜色都有 256 个色相亮度，所以其组合方式为 $256\times256\times256=16777216$，也就是说，正常人类的视觉能力能够识别出 1600 多万种颜色。

如果感觉经验中渗透着概念，那我们是否存在着 1600 多万种概念来对应指称这些颜色呢？由于知觉经验在细节上具有丰富性，我们很难，而且似乎也没有必要用概念将其穷尽。这好像会促使我们推导出“概念无法完全把握知觉经验”，或是“知觉经验中存在着

---

① John McDowell, *Mind and World: With a New Introduction*, Cambridge; London: Harvard University Press, 1994 (2000), p. 24.

非概念成分”之类的结论。

麦克道对上述质疑给予了否定的答案。尽管我们无法命名知觉经验中体验到每一种颜色，但我们依然可以在概念层面将其把握，只要我们使用指示词（demonstrative）即可。所谓指示词，即“这”“那”之类的指示代词。对于知觉经验中纹理细致（fine-grained）的知觉体验，我们可以用“这种颜色”来将其指示出来。也就是说，我们虽无法用精致的概念将色彩体验准确分类，但是我们仍然可以使用指示词来将具体的颜色识别（recognize）出来。套用麦克道自己的话来说：“识别能力是概念性的。”① 一旦知觉中出现了识别，概念便在其中起了作用。

如是说来，又存在着另一种反驳：动物似乎亦有识别能力。且不论捕猎与避险等复杂行动，就算是普通的喝水走路等，也渗透着识别能力。很难想象，如果没有识别能力，动物除了静静地躺在地上还能做什么。这样的话，我们似乎又能够推导出非概念论的结论，也即非概念成分可以独立于人类的语言系统而存在。

对此，麦克道的回应是：动物的识别能力仅是一种生物力量驱动下的直接结果，因为动物既不会权衡理由（weigh reasons），也不知如何做决定。麦克道借用伽达默尔的术语指出，动物并不生活于世界（world）之中，而是在环境（environment）里度过其一生。所以，动物随着环境的变化而过着捕猎和休憩等自我移动的生活（self-moving life），仅仅是“对其环境特征的敏感”（sensitivity to features of its environment）②，并不拥有我们人类所特有的能动与自由。因而动物只拥有“初级主体性”（proto-subjectivity），而不是认知者所具备的“主体性”（subjectivity）。在这个意义上，如果继续认为人类与低等动物都共享了知觉通道，或是坚持经验判断奠基于非概

① John McDowell, *Mind and World: With a New Introduction*, Cambridge; London: Harvard University Press, 1994 (2000), p. 58.

② John McDowell, *Mind and World: With a New Introduction*, Cambridge; London: Harvard University Press, 1994 (2000), p. 115.

念内容之上，那么我们就会陷入“所与神话”的困境。

二 特拉维斯的批评

麦克道提出初版概念论之后，引起了许多学者的质疑，其中最有力，同时也获得了麦克道本人认可的批评来自特拉维斯（Charles Travis）。

针对视觉经验中是否存在概念成分，特拉维斯区分了三种“看”的方式：“视觉之看”（visual looks）、“可思之看”（thinkable looks）与“似真之看”（ostensible seeings）。

“视觉之看”是一种呈现事物本身状态的视觉行为，一般可以用“看起来如此这般”（looks thus-and-so）或“像如此这般”（like such-and-such）[①]之类的短语加以表达。比如当认知者说：“皮娅（Pia）像她姐姐”，在这句话中“像”后面所接的成分“她姐姐”是皮娅在认知者心中呈现的具体形象，也即皮娅以一种像她姐姐的方式呈现给认知者。在“像她姐姐”这半个小句中，没有出现任何命题内容。

“可思之看”[②]事关认知者正准备去思考，或者他发现自己将要去思考的事物，此类看的行为往往通过“看起来像”（looks like）和“看起来似乎是”（looks as if）短语表达，短语后面可以添加“that”引导的从句，将认知者眼前的事物表征成带有句法结构的特定样子。比如认知者说：“这幅画看起来像是维美尔所作的画”（It looks like that painting is a Vermeer）。中文语境里不能很好地表达可思之看的具体含义，请让我们专注于这句话背后的英语句法。在这句断言中，认知者使用了定语从句的引导词“that”，用以接续后面的句子“（这）是维美尔所作的画”（painting is a Vermeer）。此时，认知者

---

① Charles Travis, “The Silences of the Senses,” in *Perception: Essays after Frege*, Oxford: Oxford University Press, 2013, p. 35.

② Charles Travis, “The Silences of the Senses,” in *Perception: Essays after Frege*, Oxford: Oxford University Press, 2013, p. 40.

所看的内容就已经出现了命题结构，必须要用“x是y”的判断来表达。因而不同于“视觉之看”，在“可思之看”的句子里出现了真值与假值。

特拉维斯指出，麦克道似乎致力于探寻第三类的视觉行动，即“似真之看”。“似真之看”用于刻画认知者“以特定的方式来看待(as if)”事物。“似真之看”与“可思之看”非常类似，它们都是将经验内容视为特定事物，能够用“看起来似乎是”的句式加以表达。但是这并不意味着“似真之看”属于“可思之看”，因为与“似真之看”相关的视觉经验不像判断那般自由，认知者始终只能“接受”（accept）事物如此这般，而不是“判断”事物如此这般。也就是说，“似真之看”中还带有“视觉之看”的属性，它是认知者对视觉中呈现事物的接受。

然而在特拉维斯看来，麦克道的“似真之看”将互不相容的“视觉之看”和“可思之看”硬凑在了一起。以句子“我看见这只猪在我面前”（I see the pig to be before me）为例。在真实情况下，这句话没有问题，“似真之看”也许能够成立。但是在错觉情况下，认知者眼前并没有猪，而是一堆与猪相仿的替代物，此时再借用这句话来表达“似真之看”就成问题了，因为与猪相仿的替代物（也即真实情形下的事物）并没有呈现在“我看见这只猪在我面前”这句命题表述之中，否则认知者就不会做出这个错觉断言了。因而“似真之看”只能作为“可思之看”，无法兼顾“视觉之看”。

三　麦克道的最小经验论

针对特拉维斯的反驳，麦克道意识到了自己的理论存在问题。经验中的确有着概念成分，但是并不意味着每种概念都有命题内容。2008年，麦克道撰文《回避所与神话》（“Avoiding the Myth of the Given”），明确提及了自己早年思想的缺陷：

> 我曾经设想，经验是概念能力的实现，为此我们需要将命题性内容（*propositional* content）赋予经验，此类内容正是判断所具有的。此外，我还设想经验内容将会包括能让主体非推论性地（non-inferentially）知道所有东西。但是现在，这些设想在我看来都是错的。[①]（注：着重符号为麦克道本人所添加）

在这段话中，麦克道总结了其初版概念论中的问题：其一，经验中存在着命题性内容；其二，经验内容能以非推论的方式让认知者获得知识。出于论证需要，麦克道首先围绕自己的第二点错误而展开了论述。

试想一位鸟类专家在观鸟，当其肉眼看到一只鸟飞过时，他以直接的、非推论的方式辨识出这是一只北美红雀。按照麦克道的旧理论，由于鸟类专家的经验中已经有了关于北美红雀的各种概念内容，因此是经验让鸟类专家非推论地获知“这是一只北美红雀”。但是麦克道现在持有的观点是：经验让鸟在视觉上呈现给专家，而专家的识别能力（recognitional capacity）使其能够非推论地获知“这是一只北美红雀”。

经验中确实存在着大量后天习得的概念，这在某种程度上妨碍了我们发觉经验本身所具有的概念能力。麦克道指出，当我们把经验提供的概念排除出经验的内容，就会发现是经验中的直观能力“将事物纳入视野”（having something in view）[②]。“北美红雀”“鸟”这类过分具体的概念属于认知者后天习得的经验概念，显然不属于直观，直观是将事物识别出来的、最根本的概念能力。在上面的例

① John McDowell, “Avoiding the Myth of the Given,” in *Having the World in View: Essays on Kant, Hegel, and Sellars*, Massachusetts Cambridge: Harvard University Press, 2009, p. 258.

② John McDowell, “Avoiding the Myth of the Given,” in *Having the World in View: Essays on Kant, Hegel, and Sellars*, Massachusetts Cambridge: Harvard University Press, 2009, p. 270.

子中，“动物”算是直观概念。

我们完全可以接着试想，有一位普通人缺乏对北美红雀的任何知识，但是由于普通人与专家一样有着正常的视觉功能，因而在视觉情形完全一致的情况下，专家与普通人都能够形成相同的直观经验，他们都能看到一个动物。只不过由于专家的经验中持有更多的概念资源，能够帮助他将眼前的动物“识别”成北美红雀，而普通人只能“识别”出鸟。

注意，此处的“动物”不是认知者通过后天语言学习而强加给所见之物的，而是说“动物”这个概念正好捕捉到了“直观的范畴形式”（intuition's categorical form）。具体来说，视觉所获得的可感物，其实是由形状、尺寸、位置、运动或静止这类“空间占据模式”（modes of space occupancy）而统一起来的。“动物”概念将与之相关的“空间占据模式”成分按照特定方式统一起来，以与其他概念（比如“无生命之物”）的“空间占据模式”相区分。

就本质而言，直观与判断都是赋予事物统一性的能力。但是在表现形式上，判断是认知者自由而负责地运用（a free responsible exercise）的概念能力①，它是主动的、外显的，它通过论述行动（discursive activity）而得到表达。其间，认知者借助意向性，有意识地把认知对象从实在秩序中拉入概念事件里，在自由地组合和应用中赋予事物以统一性。这也是为什么认知者能在判断中“想象一座天空之城”这类现实生活中根本不存在的事物。

然而，直观的统一性是被给与的（given）。认知者在认知对象的迫使下不自觉地使用概念能力。比如认知者能够识别出眼前存在着一个红色的立方体，此时他并不是将“红色的”与“立方体”进行判断组合，而是在直观中直接将“红色的”与“立方体”以一种

---

① John McDowell, “The Logical Form of an Intuition,” in *Having the World in View: Essays on Kant, Hegel, and Sellars*, Massachusetts Cambridge: Harvard University Press, 2009, p. 31.

“共同性”（togetherness）的方式组合在了一起。尽管这一过程也存在着意向性的运作，但此时的意向性并不表现为认知者对认知对象（世界）的控制，而必须受制于认知者与世界之间的“关系性”（relational）特征。因为在关系性层面，无论认知者怎样运用自己的直观能力，他都无法使呈现于自己面前的直观变得更加明晰。比如就算我们持续地、有意识地凝视着一个具体的颜色色度，我们依然不能获得超出该色度之外的知识。

综上所述，直观将事物在知觉层面呈现给认知者，认知者接着在识别层面获得关于这个事物的更多精准信息。无论是直观还是识别，它们都是非推论能力的体现。让我们回到特拉维斯“我看见这只猪在我眼前”的例子中。当我们接受了麦克道的最小经验论，那么认知者的认知过程便是按照如下的方式进行的：认知者借助直观非推论地获知了眼前存在着“动物”，与此同时，他亦能结合自身经验，再进一步地非推论地获知眼前的“动物”是“猪”。就算此时认知者出了错，将一只披着猪皮的猎人错当成了“猪”，我们也只能说是认知者在识别过程中出了问题，尚未触及判断之类的高级认知能力，丝毫不影响直观作为“似真之看”而出现。

第四节　再次逃离“所与神话”

应当注意，麦克道并不关心富莫顿等学者的非推论辩护，其论证矛头和解释框架始终锚准在塞拉斯身上。同样，或许是因为麦克道没有积极地介入认知辩护的讨论，我们也很难在富莫顿等学者的论述里看到麦克道的身影。甚至麦克道和富莫顿各自口中的“概念”与“概念化”，都有着不同的指向。但是笔者认为，我们有充分的理由将麦克道的工作引入认知辩护。一方面，麦克道严格地区分了“直观”与“判断”，指明了直观意向性是一种关系意向性，不同于判断层面的意向性；另一方面，麦克道还揭示了经验中存在的两类不同的非推论形式，“直观”与“识别”，前者是经验本身的内容，后者则伴随着认知者在后天习得过程中所掌握的经验概念系统。现在，我们将借用麦克道的思想资源，来帮助亲知理论逃离各类新型的“所与神话”批判。

一　回应“内在主义两难”

在笔者运用麦克道的思想资源之前，笔者想先交代当代亲知论者是如何回应“内在主义两难”的，然后再引入最小经验论里的洞见，看看能否帮助我们走得更远。

亲知论者大多秉持内在主义立场，为了避免陷入推论辩护的“认识的无限后退”和“概念的无限后退”，支持亲知的学者大多拒斥在亲知中添加概念能力。所以就伯格曼设下的“内在主义两难”而言，亲知论的支持者们大多会放弃“强觉知”立场，而站准“弱觉知”的立场，并且往往是“非概念的弱觉知”。

亲知作为“非概念的弱觉知”，体现于它的“非意向性”（non-intentional）。富莫顿认为，亲知之所以是非意向性的，原因在于认知者不能在心智层面自由地进行亲知活动。与之相反，意向性却可以摆脱亲知的限制，任意实施判断与联想，因而需要被亲知所摒弃。哈桑也从这一角度指出：亲知（非概念弱觉知）必须排除“主动的设想行动”（positive act of conceiving）[①]。因此，亲知只能处于一个真实的关系之中，与“现存着的被关系项”（existing relata）[②] 捆绑在一起。一旦“被关系项”消失了，那么亲知关系也就不存在了。

这就引出了亲知/非概念弱觉知的另一个特征——“外物导向”。

---

① Ali Hasan, “Classical Foundationalism and Bergmann's Dilemma for Internalism,” *Journal of Philosophy Research*, Vol. 36, 2011, Online Version: https://philpapers.org/archive/HASCFA.pdf.

② Richard Fumerton, “Brewer, Direct Realism, and Acquaintance with Acquaintance,” *Philosophy and Phenomenological Research*, Vol. 63, No. 2, 2001, p. 418.

德波所区分的两类觉知状态："觉知到某物就是如此这一事实"（awareness that something is the case）和"觉知到某物就是如此"（awareness of something's being the case）①。从英语语法上来看，前者需要认知者形成相应的命题态度，蕴含着需要借助引导词"that"引导的概念成分，而后者并不需要借助或掺杂任何命题层面的概念能力，是直接与事物相关涉的。举例来说，我们可以在感觉经验中直接觉知到"一个绿色的十二边形"，而不必先在命题或概念层面知道这个对象是"绿色的"，是"十二边形"，然后再将它们组合成"一个绿色的十二边形"这一概念。

总结而言，亲知论者认为，"非意向性"与"外物导向"保证了亲知（非概念弱觉知）既能关联真值贡献者（即真值制造者）与信念的真值（即真知承载者），又不至于摄入太多理智成分而陷入无限后退的恶循环之中。

亲知论者的洞见虽值得我们注意，却仍有言未尽意之处。凭什么与概念无涉的亲知（非概念觉知）能够关联真值贡献者与信念的真值呢？理解信念的真值与假值，难道不需要任何程度上的概念能力吗？用非概念的亲知来关联概念性的命题，这又是如何能够做到的呢？

对于这些问题，富莫顿、哈桑与德波等当代亲知论者谈及得并不多。尽管前面提到，格特勒试图用"认知显现"概念去理解"亲知真值制造者"及其随之而来的相符关系，但是这类处理方式依然不够，因为"显现"这个概念也是模糊的、难以直接定义的。一言以蔽之，"感觉"和"语言"之间的间隙，在"亲知真值贡献者/亲知真值制造者与真值承载者之间的相符关系"的"内在主义两难"中被放大了。

笔者认为，麦克道的最小经验论能够帮助我们更好地走出伯格

① John M. DePoe, "Bergmann's Dilemma and Internalism's Escape," *Acta Analytica*, Vol. 27, No. 4, 2012, p. 419.

曼为亲知论者设下的困境。

首先要回答的是：为什么感觉亲知可以关联概念、命题和思想层面的“真值承载者”以及随之而来的相符关系？麦克道语境中的“意向性”是揭开谜底的钥匙。意向性的重要作用在于为事物赋予“统一性”，使事物以一种对认知者有意义的方式呈现出来。赋予统一性的方式多种多样，在任意而又自由的语言或推论活动中，认知者借助“判断意向性”而将各类意义有意识地组合在一起；至于感觉这类非推论活动下的统一性，则通过“直观意向性”和“识别意向性”来实现。无论是推论层面的“判断意向性”，还是归属于非推论的“直观意向性”和“识别意向性”，其本质都是统一性。只不过前者是认知者积极地“运用”意向性，而后者则是事物在意向性的帮助下被动地“实现”于认知者的视野里面。在“亲知真值承载者”的过程中，尽管真值承载者涉及概念、命题和思想，但就“统一性”这一维度而言，真值承载者是能与亲知形成关系的。同样，“亲知真值承载者与真值制造者之间的相符关系”虽然发生于直观和识别这类被动意向性之中，却依然能够成为判断意向性的认知资源，因为就“统一性”而言，各类意向性之间的关系是相通的。

如果笔者此处融合最小经验论和非推论辩护是对的，那么我们就必须得对非推论辩护中的概念进行重新界定。其一，亲知并不是富莫顿或哈桑口中的“非意向性”觉知，亲知里面也有意向性的介入，只不过是“直观意向性”和“识别意向性”，而非彰显了认知主动性的“判断意向性”。其二，既然亲知离不开两类带有被动意味的意向性，那么亲知里面就必然存在着概念化，这种概念化不仅体现在“亲知真值制造者”方面，在“亲知真值承载者”以及“亲知真值制造者和真值承载者的相符关系”之中表现得更为明显。因而认知者所持有的觉知显然就不能是“非概念弱觉知”，而是“概念弱觉知”。最后，为了防止亲知里的“直观意向性”和“识别意向性”向“判断意向性”过渡，避免滑向推论辩护而陷入彻底怀疑论，亲知应该始终将直观意向性、识别意向性与认知对象（也即真值制造者）捆绑在一起，意向的指向性是与物相关的“心理关涉性”（psychological aboutness），而非混杂着真值条件或陈述的“信息关涉性”（informational aboutness）①，换言之，“外物导向”是保证感觉亲知纯粹性和非推论性的必要参考标准。

由是可见，为了更好地逃离“内在主义两难”，我们显然不能囿于当代亲知论者的观念体系，还应当看到最小经验论的作用。

二　回应 SGA 诘难

索萨指出了索引概念/现象概念与 SGA 概念之间的种类差异。在他看来，从索引概念/现象概念过渡到 SGA 概念，必然就是在用注意型觉知去替代经验型觉知，此时的认知经验经历了由“薄”到“厚”的过程，极有可能超出亲知论者的合法领域。

针对索萨的 SGA 诘难，富莫顿建议我们区分“决定性属性”（determinate properties）和“可决定属性”（determinable properties）来加以回应。在对事物形成经验的过程中，认知者未必总能捕捉到事物身上体现出的所有信息（也即一切“决定性属性”），而只是亲知到“决定性属性”里面的某些“可决定属性”。“可决定属性”随附于“决定性属性”。正如聆听一段音乐会亲知到其中的某些特征，隔一段时间后再度欣赏，又会感受到一些之前所没有感受到的旋律片段。难道新的感受片段在早前就没有对认知者形成刺激吗？显然不是。只要认知者的听觉功能正常，同一段音乐会让他形成相同的感受，只不过在新的过程里，之前悄然隐藏起来

① 此区分援引自巴－埃利（Gilead Bar-Elli）。尽管其讨论语境与富莫顿、德波以及哈桑等学者不同，但他论及的两类关涉性（aboutness）能够运用于笔者此处的论述，以彰显不同意向性之间的区别。具体可见：Gilead Bar-Elli，“Acquaintance，Knowledge and Description in Russell，” *Russell：The Journal of Bertrand Russell Studies*，Vol. 9，No. 2，1989，p. 143.

的（hidden）[①]、未被觉察到的属性突然呈现了出来。

“决定性属性”与“可决定属性”的吻合程度取决于认知者自身的认知能力。在“斑点母鸡”的思想实验里，普通人的 SGA 概念能力只能应用于少数几枚斑点，所以在面对母鸡身上的 48 枚斑点时，只能给出粗糙的非推论报道，比如“这只母鸡身上有许多斑点”。相反，美国电影《雨人》（*Rain Man*）中的主角雷蒙（Raymond Babbit）有着超强的 SGA 能力，他迅速地、非推论地“感知”到落在餐厅地板上的牙签是 246 根，那么对于雷蒙而言，亲知到母鸡身上的 48 枚斑点（决定性属性）便是小菜一碟。

细细推敲便不难发现，在富莫顿看来，SGA 能力未必总是推论性的，它亦可以与索引概念和现象概念结合在一起，共同构成非推论辩护。唯有当认知对象的复杂程度超越了其 SGA 能力，认知者才不得不使用推论的方式来把握认知对象。

尽管富莫顿对索萨的回应是有效的，然而在笔者看来，借用麦克道的概念区分似乎能够更好地帮助我们澄清富莫顿的观点。认知者先是通过直观意向性，将斑点母鸡身上斑点信息（形状、尺寸和位置）以“空间占据模式”的方式纳入自身经验里面。此时认知者形成的亲知是“直观型亲知”，它是索引性的、现象性的，因而可以捕捉到斑点母鸡身上所有的“决定性属性”；接着认知者使用识别意向性来辨别眼前事物，也即进入了“识别型亲知”阶段。需要注意的是，识别意向性虽然也与索引性和现象性挂钩，但同时也融入了 SGA 能力，不同认知者所持有的 SGA 能力也不尽相同，所以“识别型亲知”带给认知者的，往往就是对象身上的“可决定属性”了。然而无论是“直观型亲知”还是“识别型亲知”，它们都是非推论的，不需要借助判断意向性就能发挥功用。

反观富莫顿的术语系统，由于没有区分“直观型亲知”和“识

---

① Richard Fumerton, “Markie, Speckles, and Classical Foundationalism,” *Philosophy and Phenomenological Research*, Vol. 79, No. 1, 2009, p. 211.

别型亲知”，致使他在论述斑点母鸡问题时，既不能很好地凸显非推论辩护中的亲知层次（直观与识别），也没有揭示亲知层次之间所能把握到的事物属性（决定性属性或可决定属性），于是就在行文过程中给读者带来了不小的困扰。当我们把麦克道的思想资源引入非推论辩护之后，一切就清晰了起来。

三 回应可错亲知论带来的其他两难

学者围绕着可错非推论辩护的批评主要有两点：其一，可错非推论辩护为怀疑论挺进知识领域打开了口子。在怀疑论的驱动下，初步辩护所带来的成真概率会在后续的辩护过程中不断递减，直至消失；其二，当认知者借助亲知更高层事实与亲知更高层思想以及两者的符合关系来打住认知后退时，他已然进入了推论辩护的环节之中。

富莫顿曾撰文回答过第一点批评。亲知的非推论辩护确实可能会产生错误，但未必会导致怀疑论的入侵。[①] 因为在真值流失的论证中，波斯顿等学者并没有将真值与任何“真实”的概率绑定在一起。也就是说，导致真值流失的不是非推论辩护——认知者亲知真值制造者、亲知真值承载者，以及亲知真值制造者和真值承载者之间的相符关系——而是认知者在命题判断层面所形成的怀疑。此类认知怀疑及其衍生出的认知后退，挂钩于认知者的理智能力，所彰显的是判断意向性，已经完全排除了“亲知真值制造者”这一非推论辩护所要求的构成要件。也就是说，要对真值流失承担责任的恰恰是“推论辩护”，而不是“可错非推论辩护”。

不过，富莫顿并未回应巴兰蒂尼的反驳，也即认知者不断寻找更高层的备选事实，以及更高层的备选命题来打住认知后退，我们又是否会在此过程中添加过多的判断意向性，而使非推论辩护成为

① Richard Fumerton, “Poston on Similarity and Acquaintance,” *Philosophical Studies*, Vol. 147, No. 3, 2010, p. 384.

推论辩护呢？

回答这一问题之前，笔者想先简要地区分波斯顿“真值流失论证”与巴兰蒂尼“更高层事实与命题论证”的细微差别。在富莫顿答复波斯顿之前，两种质疑的差别难以体现，可是当我们认可了富莫顿对波斯顿的回应，那就不难发现：波斯顿“真值流失论证”完全排除了真值制造者，没有“真实”概论摄入其中；不同的是，巴兰蒂尼的论证则将真值制造者层层地包裹于各类事实和命题里面。尽管两种批评意见最终都会导向推论辩护，不过它们的内核是不同的。

如何帮助非推论辩护跳出巴兰蒂尼的指责呢？这就需要我们进一步了解“亲知真值承载者”的本性究竟为何。在亲知自身感受的过程中，认知者会首先识别当下经验到的感觉，再进一步识别出与真值制造者相对应的真值承载者。但是请不要忘记，识别是以被动的、非推论的方式发生的，不涉及认知者有意图地主动寻觅，因而认知者始终只能持有一个真正承载者。或许认知者会在同一时间涌现出两个备选命题，也即瞬间识别出两个真值承载者：“我感受到了微痛”，或是“我感受到了刺痒”。但此时，上述两个命题也不是并置关系，而是替代关系。认知者会在非推论的识别行动中自动筛选出一个最为符合自身经验感受的命题——要么“我感受到了微痛”，要么“我感受到了刺痒”。当认知者不遵守替代关系，强行并置两种可能性，进而细细推敲何者更具可信性时，非推论辩护就会成为推论辩护，进而陷入认知后退的麻烦之中。

较真的读者也许会追问，如果“我感受到了微痛”与“我感受到了刺痒”这两个命题具有同等强度，它们都是50%，根本无法取舍，此时非推论辩护该如何应对？

笔者认为，此质疑在理论上是可能的。不过这与我们上述的观点并不冲突，依然符合非推论辩护的认知规则。当真值承载者“我感受到了微痛”与“我感受到了刺痒”的强度均为50%时，此时认知者会形成一个新的命题——“我不是感受到了微痛，就是感受到了刺痒”——来替代此前的“我感受到了微痛”与“我感受到了刺痒”。也就是说，在非推论辩护语境中，认知者始终只能采纳一个最佳真值承载者，而不可同时接受诸多选项以供慢慢取舍。只有这样才能保证辩护的非推论性。此时，尽管认知者更新了真值承载者，迫使其确信状态从100%下降成了50%（“我不是感受到了微痛，就是感受到了刺痒”的成真概率只有50%），然而令人恼火的认知后退却被打住了，此非推论辩护的成真概率被牢牢地锁定于50%，不会产生诸如50%×50%×50%……≈0的真值流失论证。

第六章

亲知与外部世界

上一章中，笔者把麦克道的概念论方案融进了当代非推论辩护理论。这种处理方式能够帮助我们认识到亲知是如何关联感觉与语言，进而为人类知识服务的，但对于感觉与世界之间的关系，笔者尚未充分讨论。虽然我们业已看到，认知者借助直观意向性和识别意向性，被动地发挥概念能力，进而将世界纳入视野，但这似乎并不够。因为我们依然是透过认识的目光来看待外在世界，没有关注到处于世界中的外部对象对于心灵而言究竟意味着什么，换言之，亲知论者尚未论证事物在亲知经验中的不可替代性。

就这一论题而言，存在着两种竞争立场：一种是内在主义，另一是外在主义。[①] 持内在主义立场的学者认为，心理内容（mental content）决定了认知者的思想，外部世界对于认知者的亲知而言没有意义。而外在主义的支持者认为，认知者所处的外在因果语境（casual context）是认知者心灵不可或缺的成分，亲知中必须存有外部世界。

在此论题上，史密斯无疑是最具权威性的学者。自 1978 年起，他就将问题意识聚焦于整合内在主义和外在主义之争上，四十余年

① 此处的内在主义/外在主义与知识论中的内在主义/外在主义有所不同。在知识论中，内在主义和外在主义之争主要围绕着认知者的内在认识活动是否需要参与到认知辩护之中。而本章处理的内在主义与外在主义则偏向语言或思想的内容由什么成分决定，外部实在是否在此过程中担当了必要条件。

间发表了大量论著。在其1989年的著作《亲知的循环：知觉、意识与移情》中，他提出了“知觉亲知的索引型/指示型内容理论”（indexical-or demonstrative-content theory of perceptual acquaintance）①。该亲知理论能够兼容内在主义和外在主义，证成外在事物在亲知经验里的不可替代性。

不过在笔者看来，史密斯口中的许多概念尚嫌粗糙，以至于虽然他有效地证明了外在对象之于认知者的重要性，却跌入了“所与神话”之中。因此，对其理论进行改造，是本章的一个重要任务。

第一节 亲知作为关联心灵与世界的途径

一 内在主义教条

首先需要说明的是，此论域里所涉及的“认识”“思想”或“心灵”，都特指“有意识的意向状态”（conscious intentional states）。对于史密斯而言，“意向”（intention）是经验的构成性要素，它使得经验能够以一种带有认知意义的方式呈现于认知者的心灵之前，为认知者所认识到。至于没有意向的心理状态（比如感到晕眩或是恶心），抑或是虽有意向，却无意识的状态，均不在我们讨论的范畴内。② 当然，并不是说上述心理现象没有研究的价值，只是它们对于亲知理论而言意义不大。

内在主义者普遍认为，认知者内心所持的心理内容决定了他的认识。就日常生活而言，内在主义的观点有些违背我们的直觉。认知者肯定是看到了眼前的玫瑰花，才会在心里形成关于这枝玫瑰花

---

① David Woodruff Smith, “Content and Context of Perception,” *Synthese*, Vol. 61, No. 1, 1984, p. 78. 也可参见：David Woodruff Smith, “The Ins and Outs of Perception,” *Philosophical Studies*, Vol. 49, No. 2, 1986, p. 197.

② David Woodruff Smith, *The Circle of Acquaintance*: *Perception*, *Consciousness*, *and Empathy*, Dordrecht; Boston; London: Kluwer Academic Publishers, 1989, p. 7.

的认识，所以显然应当是外在认知对象决定了认知者的认识。

对此，内在主义指出，在正常的、真实的知觉状态下，的确是外在对象决定认知意义，因为此时认知者所持的心理内容是他遵循着可靠认知规则而获得的，如实而又透明地反映了外在对象，以至心理内容的存在与否并不会直接影响认知后果。然而除了正常知觉外，认知者在某些时候还会产生幻觉（hallucination）与错觉（illusion），这些恰恰是外在决定论所无法说明的情形。

幻觉是指在全然没有某个外在对象的情况下，认知者仍然觉知到该对象的存在。莎士比亚《麦克白》中提及，麦克白在谋杀国王邓肯前曾看到一把刀柄向着自己的染血匕首飘浮于空中，当看见这个幻象时，麦克白甚至还试图用手去握住刀柄。此处我们不去讨论莎士比亚是否要借此隐喻来暗示麦克白刺杀邓肯的心意已决，援引该例是为了说明，真正决定了麦克白认知（看到匕首）与行动（伸手去握住匕首）的，并不是外部世界的事物（在麦克白面前根本没有匕首），而是麦克白此时的心理内容，也即他眼前出现的幻觉。

相较幻觉，错觉在日常生活中就普遍多了。错觉是指虽有某个对象存在，但是认知者所感受到的对象并不是对象自身的显现。至少存在着下述三种错觉：时间错觉（temporal illusion）、空间错觉（spatial illusion）和因果错觉（casual illusion）。

就认知过程而言，从光线刺激视网膜，到大脑处理信号，当中有 100 毫秒的时间间隔。严格来说，我们的视觉成像体验总是要滞后 100 毫秒，然而就是在这 100 毫秒内，事物也许已经不再是最初给予我们的样子了。言下之意，认知者在意识层面所把握到的心理内容，并不是事物本身。若将逻辑推至更为极端的情形，当我们眺望星空，夜空中最亮的天狼星所发射出的光，实际上来自 8.6 年前（地球距天狼星约为 8.6 光年）。甚至很多星体早已消失，但其发射出的光线才刚到地球。我们总是处于一种时间错觉之中，误以为看到的事物就是事物自身，然而事实上，事物在被认知者的视觉捕捉到的时候，早已经不是之前的样子了。

空间错觉也较为常见。经验老到的渔夫知道，在捕鱼时鱼叉并不能直接插向视线所及的鱼的位置，因为在从某种介质（水）射入另一种介质（空气）时，由于介质之间的密度不同，光会发生传播方向的变化。因此肉眼所见的鱼的位置，往往并不是鱼在水中的真实位置。渔夫眼中的鱼其实是虚像，会比实际位置偏高。这也是为什么渔夫在叉鱼时，必须往其所见之鱼的下方用力叉去。

介绍因果错觉需要借助思想实验。假设现在有一位疯狂科学家为认知者佩戴上了穿戴设备，穿戴设备通过激发大脑中的信号，在视觉层面让人形成相应的图像。t_1时刻，认知者处于一个光线正常的环境下，他面前有个红色的苹果。认知者确实看到了这枚苹果的影像，穿戴设备也记录下了此时认知者视觉中所感知到的影像。t_2时刻，疯狂科学家切断了房间中的所有光源，屋子陷入一片漆黑。就在此刻，科学家打开了存储于穿戴设备中的苹果影像。此时，认知者虽然无法看见现实中的苹果，但是科学家却通过穿戴设备，让他看到了苹果影像，并且该影像与正常情况下认知者的所见完全一致。这时候，当科学家问认知者“你看到了什么?”，认知者会回答说：“我看到我眼前的一枚红苹果。”认知者的答案虽然正确，但促使其形成影像的因果链条却是不成立的，因为认知者只是看到了穿戴设备刺激他大脑时所形成的影像，而未看到眼前真实的苹果。

有意思的是，除了幻觉与错觉会导致认知对象与心理内容不相匹配之外，甚至在某些正常知觉的情况下，一个相同的外在对象也会产生两种不同的心理内容，也即同一对象以两种相异的认知方式呈现于认知者的心灵之前。最著名的例子莫过于弗雷格（Gottlob Frege）“启明星与长庚星”（也可称为：晨星与暮星）的例子：现代天文学知识告诉我们，启明星和长庚星所指涉的星体都是金星，但是两者的含义却是不同的，前者是指清晨最明亮的星，而后者则是黄昏时最明亮的星。

通过分析幻觉、时间错觉、空间错觉、因果错觉，以及弗雷格“同指称不同指谓”的案例，我们不难发现，能够决定认知者的认知意义的往往不是外在事物本身，而是认知者心智中的认知状态，也即心理内容。根据感官所接收到的信息，认知者会通过意向性，把对其有认知意义的成分挑选出来，炮制成带有认知者个体痕迹的心理内容。作为外在对象在经验中“所呈现”或“被给与”的具体方式，心理内容是“概念化实体”（conceptual entity）。由于这一过程存在着出现幻觉、错觉和“同指称不同指谓”的可能性，认知者在不跳脱出自己认知处境的情况下也无从断定何为虚假、何为真实，乃至何种意义上的真实，因此我们不能将认知者的心理内容简单地还原成外在事物，而是必须坚持外在对象与心理内容的概念区分。内在主义也正是在这个意义上提出的。

因此，内在论者大多秉持着一个教条：认知对象是认知者所持心理内容或结构的函数（function），内容与对象之间是一种“多对一”（many-one）的关系。① 各种不同的内在心理状态，决定了认知对象的意义究竟为何。

二 外在主义教条

然而，内在主义忽视了重要的一个方面——经验是索引式的（indexical），会受到外部世界的制约。前面提到，内在论认为内容与对象是“多对一”的关系，单一对象会对认知者产生多种心理内容。但是这并不意味着心理内容不会受到外在世界的束缚。不同于内在论者，外在论者试图表明：内容与对象并非总是“多对一”的关系。

克拉克就曾指出，两个感觉判断也许会在拥有相同概念内容的同时，指涉着不同的事物，承载着相异的真值条件。② 换句话说，在特定情形下，内容与对象之间的“多对一”关系会反转过来，成为

① David Woodruff Smith, “Content and Context of Perception,” *Synthese*, Vol. 61, 1984, p. 66.

② Romane Clark, “Sensuous Judgments,” *Noûs*, Vol. 7, No. 1, 1973, p. 49.

“一对多”的关系，而这恰恰被内在主义者无视了。于是，外在主义者提出了相应的替代方案，主张用认知者与认知对象之间的物理时空语境，也即因果关系来刻画认知者的心智经验。

心理内容与外在对象的“一对多”关系是可能的，但较难直接找到。为此，史密斯构造了“咖啡店里的爱丽丝”案例来加以说明：

> 爱丽丝坐在咖啡店里，视线扫到了墙边的玻璃上。爱丽丝将这面镜子误认成了窗户。在镜中，一位戴着眼镜的男子A正在阅读着《世界报》。由于男子长得与萨特颇有几分神似，爱丽丝的目光迅速被他吸引住了。实际上，镜子里的A就坐在爱丽丝的身后，然而误将镜子当成窗子的爱丽丝却以为这位男子坐在隔壁的另一家咖啡馆里。与此同时，巧合的是，在镜子背后，正好坐了一位长相、扮相与着装均一模一样的A的胞弟B，只不过，B的发型方向与A正好相反，手中所拿的《世界报》是反着打印的，B所处的咖啡馆的装饰与A所在的环境也非常巧合地完全颠倒了过来。换言之，如果摆在爱丽丝面前的不是一面镜子，而是一扇窗，那么B在爱丽丝经验中所呈现出的形象，与A没有丝毫差别。①

我们不妨继续假设，如果爱丽丝在t_1时凝视着A，稍感有些疲惫，低头呷了一口咖啡，于t_2时抬头继续凝望。巧合的是，就在t_2前的一瞬，横隔在爱丽丝与B之间的镜子突然消失，成为一扇窗户（窗户的外形与镜子一样，爱丽丝不会觉察到镜子的变化），那么根据思想实验的假设，爱丽丝也会形成完全相同的心理内容，因为B的造型与背景布置，正好与A完全相反，两者在爱丽丝的心智前所展现的现象没有任何差别。

① David Woodruff Smith, “Content and Context of Perception,” *Synthese*, Vol. 61, 1984, p. 67.

从表面上看，爱丽丝 t_1 时刻的心理内容——我看见了一位酷似萨特的男子在隔壁咖啡店里阅读《世界报》——看似独立自主，却始终被外在因果条件所决定，因为在 t_1 时刻，是 A 决定了爱丽丝的心理内容；在 t_2 时刻，爱丽丝心理内容指涉的对象已经成为 B 了，从而由 B 来决定。这就证明了即使认知者拥有相同的心理内容，也会存在着许多能够恰如其分地填充进来的外在对象。此时，心理内容与外在对象之间处于一种“一对多”的关系。

那么对于幻觉或错觉中所出现的心理内容决定认知对象的情形，该如何基于外在主义立场而解释呢？外在主义者认为：虽然认知者会根据幻觉而形成认识或行动，但此时认知者心灵中所感知到的往往是情境、事件或过程，这类事件看起来属于感知范畴，但其实已经具有了命题结构，掺杂着命题态度。即使麦克白“看”到了眼前的带血匕首，这种“看”更多的是一种思维判断层面的构造，超出了真实知觉的范畴，因为就现实情形而言，根本没有外物可供麦克白去“看”。至于时间错觉、空间错觉和因果错觉，当我们将认知者所处的时间、空间与因果环境视为参数或条件而纳入考量中来，上述错觉也就不会困扰我们了。

采用外在主义立场后，一切似乎简单明了了起来。外在对象并不完全是臣服于心理内容的函数，正如巴克所说的，内容是不完全的表征①。真正能够决定认知者心灵及其认知意义的，不是认知者的心理内容，而是认知者与外在对象之间的时间、空间和因果关系，也即克拉克所提出的“感觉语境”（sensory context）②。认知者的心理内容是经由感觉语境而产生的，其本身不具有独立的认识地位。

---

① Kent Bach, “De Re Belief and Methodological Solipsism,” in Andrew Woodfield ed., *Thought and Object: Essays on Intentionality*, Oxford: Clarendon Presss, 1982, pp. 121 – 151.

② Romane Clark, “Sensuous Judgments,” *Noûs*, Vol. 7, No. 1, 1973, p. 49.

三 亲知论何以调和内在论/外在论之争？

不过外在主义者的解释也有失偏颇。因为认知行动毕竟带有主观参与，外在因果限制并不充分。史密斯指出，对于一位认知者而言，仅在因果层面上“持有”知觉信息，却不具有“知觉觉知”（perceptual awareness，该词在史密斯语境里可以约等于亲知），仍然是不够的。为此史密斯构造了伊迪与艾迪案例（the case of Edie and Eddie）来论证“知觉觉知”的重要性。

> 伊迪与艾迪都是鸟类观察家，在一次观察活动中，伊迪突然对艾迪说道：“看见了没？”伊迪所指的是一只黄鹂鸟——阳光透过绿叶与枝丫的隙缝，洒在了黄鹂鸟胸口的黄色羽毛上。艾迪赶快跑到伊迪所站的位置，循着伊迪的视角望去，此时，伊迪视网膜所接收到的所有视觉信息都同样地刺激着艾迪的眼球（我们假设两位鸟类观察学家的眼球获得到了同样的视觉信息），相关信息也同样输入到他们的大脑之中，然而艾迪却没有伊迪那么幸运，因为他并没有将黄鹂鸟辨识出来，他只感受到了黄色与绿色交织在一起的树叶树枝。①

在该例中，伊迪与艾迪在因果语境（请排除时间参数）层面，均获得了相同的视觉经验，它们所处空间以及因果条件完全一致。然而伊迪识别出了黄鹂鸟，艾迪却没有识别出。因此，如果我们要形成有意义的认知行动，那么认知者的觉知也必须参与其中，否则即使持有了感觉语境所要求的因果条件，认知者也无法将事物在心灵层面识别出来。

---

① David Woodruff Smith, “Content and Context of Perception,” *Synthese*, Vol. 61, No. 1, 1984, pp. 68 - 69. 笔者在修辞层面，对此思想实验稍作了改写，但核心主旨保持不变。

如果内在的心理内容和外在的因果关系都无法决定认知意义，认知者的认知意义又从何而来呢？史密斯给出了一条兼容内在主义和外在主义的中间道路——“知觉亲知的索引型/指示型内容理论”。不过，史密斯亦强调，我们并不是机械地结合心理内容与外在因果，进而得出一种简单共同决定论。真正值得考察的是内在成分如何与外在成分锁定在一起，也即如何借助亲知的概念框架来精准地说明认知者的认知行动。

之所以用索引型/指示型来界定亲知，是因为亲知的认知焦点始终指向相应的对象，两者有着结构性的相似之处。它们一方面具有意向力量（intentional force），在认知经验之中关联认知者和认知对象；另一方面，亲知与索引词/指示词均是“语境依赖”的，不能完全地跳脱出具体的时空因果语境而独立存在。亲知到的“心理内容”与索引词/指示词的“指称内容”必须满足于（is satisfied by）感觉语境经验中的事物。基于亲知与索引词/指示词的共性，史密斯特地选取了指示词“这”（this）[①] 来刻画亲知的本性。

我们继续以“咖啡店里的爱丽丝”为例。前面提到，此案例是外在主义者用以揭示内在主义盲点而提出的，因而该思想实验所预设的前提条件均严格地按照内在主义的方式来构造（因为如果不这样，外在主义者就没办法凸显内在主义的荒谬性），排除了与外在主义相关的所有条件。通过刚才的论证，笔者已经说明了内在主义和外在主义共同构筑于认知者的认识行动（亲知）之中，所以我们现在适当地为此思想实验添加一些关涉外在主义的条件，以使其更加完整。

此前，爱丽丝出神地凝望 A 时，她在 t_1 时刻所形成的心理内容是：

---

① David Woodruff Smith, “What’s the Meaning of ‘This’,” *Noûs*, Vol. 16, No. 2, 1982, pp. 181 – 208.

> 我看见了一位酷似萨特的男子在隔壁咖啡店里阅读《世界报》。

现在将外在时空的因果变量与爱丽丝的心理内容绑定在一起，也即爱丽丝在 t_1 时刻形成了如下心理状态与外在因果的结合体：

> 我看见了一位酷似萨特的男子在隔壁咖啡店里阅读《世界报》，这位男子在当下出现于我眼前，并且引起了我的视觉经验。

对爱丽丝的心理内容添加了限制之后，我们可以轻松地克服内在主义的缺陷，因为在 t_1 时刻，“这位男子在当下出现于我眼前，并且引起了我的视觉经验”中的指示词“这”所指称的对象是 A；尽管作为 A 的胞弟，B 也能在爱丽丝的视觉上形成同样的图像，且也能为爱丽丝所觉知到，但是 B 毕竟不同于 A，B 也不符合爱丽丝 t_1 时刻的心理内容的成真条件。可见，增添外在主义限制之后，我们可以迅速排除“一个心理内容对应多个外应对象”的棘手情形。

然而，“可能世界”（possible world）理论会对这个案例形成新的挑战。诚如普特南“孪生地球”（twin earth）① 思想实验所告诉我们的，宇宙是如此之大，充斥着各类偶然（哪怕概率极为微小）。在逻辑层面，我们可以设想存在着与地球一模一样的地球副本，从古至今，孪生地球上的一切自然风物以及历史事件也都与地球上完全

---

① 对于普特南的语义外在论，麦克道有个经典的评价，一方面，麦克道认可普特南对意义的外在论分析，认为外在世界确实在一定程度上决定了意义；但另一方面，麦克道也指出：“普特南所反对的语言的‘孤立主义’（isolationist）概念，仅是与其相似的心灵（至少是自在心灵）‘孤立主义’中的一个部分。普特南对语言‘孤立主义’概念有所攻击，却并未质疑心灵之中的对应部分。”具体可见：John McDowell, “Putnam on Mind and Meaning,” in *Meaning*, *Knowledge*, *and Reality*, Cambridge and London: Harvard University Press, 1998, p. 291. 将外在主义从语言中拉入认知者的心灵领域，也正是史密斯的贡献。

一致，甚至就在现在，地球上的爱丽丝（标记为爱丽丝$_{地球}$）指着当下（t_1时刻）出现在爱丽丝眼前，并且引起她视觉经验的男子A（标记为A$_{地球}$）说道："我看见了一位酷似萨特的男子在隔壁咖啡店里阅读《世界报》。"就在同一时刻，孪生地球上的爱丽丝（标记为爱丽丝$_{孪生地球}$）也指着当下（t_1时刻）出现在她眼前，并且引起她视觉经验的男子A（标记为A$_{孪生地球}$）说道："我看见了一位酷似萨特的男子在隔壁咖啡店里阅读《世界报》。"

在普通的爱丽丝案例中，有且仅有一个对象能够满足爱丽丝在t_1时刻的心理内容。可是一旦我们引入可能世界理论，就会发现存在着无数种后备选项（比如案例中提及的A$_{孪生地球}$。此外，我们可以不断地在逻辑层面设想满足此条件的孪生地球有无数颗，与A$_{地球}$相同的男子也有无数位，也即A$_{孪生地球1\cdots n}$），能够满足爱丽丝在t_1时刻的心理内容。

由是可见，对于亲知而言，单纯地在心理内容之外补上认知者所处的时空知觉语境仍然是不够的。我们不能只考虑一个现实生活的世界，还应当考虑任何在逻辑上可设想的可能世界。否则的话，外在主义教条所带来的"一对多"后果就会在模态层面上不断涌现。为了克服外在主义的重新入侵，史密斯强调，当我们在使用指示词语句的时候，还应当注意"现实性"（actuality）条件：

> 一旦我们剔除了现实性的意义（the sense of actuality），我知觉中的指示词"这"的内容就不再包含一个单称呈现模式（a singular mode of presentation）了，于是我的知觉也不再是一个恰当的单称觉知（singular awareness）了。[①]

史密斯的这句断言中所提及的"单称呈现模式"或"单称觉

① David Woodruff Smith, *The Circle of Acquaintance: Perception, Consciousness, and Empathy*, Dordrecht; Boston; London: Kluwer Academic Publishers, 1989, p. 183.

知”，均是指单称内容（singular content）。若某事物是单称内容，那么它在所有可能世界均指涉该事物自身。比较典型的单称内容是专名，如果我们承认“伊曼努尔·康德”是个专名，那么“伊曼努尔·康德”在我们所居住的现实世界，以及一切可能世界，都指涉“伊曼努尔·康德”自身。

相反，摹状语句不表达单称内容，因而也就未必在所有的可能世界都为真。摹状语句命题“《纯粹理性批评》的作者是德国人”并不适用于所有的可能世界，因为我们完全可以设想在另外一个可能世界，一位名叫伯特兰·罗素的英国人写了《纯粹理性批判》，那么在那个世界，摹状语句“《纯粹理性批评》的作者是德国人”就是假命题，“《纯粹理性批评》的作者是英国人”才能判定为真。

按理说，指示词“这”与专名一样，它在任何世界都应该与其自身同一。但是如果我们在理解指示词“这”的时候，简单地将其还原为心理内容，那么此时的指示词就被转换成了一个借用心理内容便能得到描述的摹状句了，即使我们进一步在此描述句中添加感觉语境限制，也会出现可能世界的反例，因而必须要在心理内容和外在因果限制中，再添加一个宛如“套锁”（lasso）[①] 一般的“现实性”条件，以将爱丽丝的认知牢牢地绑定在她所处的那个世界。也就是说，爱丽丝此时持有的命题不应该是：

> 我看见了一位酷似萨特的男子在隔壁咖啡店里阅读《世界报》，这位男子在当下出现于我眼前，并且引起了我的视觉经验。

而应该是：

---

① David Woodruff Smith, “Indexical Sense and Reference,” *Synthese*, Vol. 49, 1981, p. 115.

> 我看见了一位酷似萨特的男子在隔壁咖啡店里阅读《世界报》，该男子以现实性（actually）的方式，在当下出现于我眼前，并且引起了我的视觉经验。

此时，认知者的亲知活动依然没有完全实现。因为仅在感知层面论述亲知，无法凸显亲知的所有认知意蕴。史密斯也交代了亲知是如何与语言系统相关联的。他指出，背景信念（background belief）是将亲知经验“个体化”（individuate）的途径。当认知者对认知对象形成了指示型亲知的时候，认知者便在心中预设了相应的背景信念——“这是当下在我面前，以现实性的方式，引起我此刻经验的对象。”史密斯强调，一方面，亲知中的背景信念并不需要呈现在认知者的心灵之前，而是作为一种“默会预设”（tacit presupposition）构筑于认知者的亲知里面；另一方面，背景信念及其命题内容是“分析性的”（analytic）①，认知者的心理内容蕴含着背景信念。也就是说，只要认知者形成了心理内容，那么他就分析性地获得了相应的背景信念。在这个意义上，尽管亲知关联了命题与信念，但这种关联也不是语言层面的判断（因为背景信念不需要明述出来），因而亲知依然可以独立于摹状知识。

第二节　改造史密斯的亲知理论

史密斯工作的贡献在于，他不仅证明了亲知中存在着外部对象，同时还勾勒了外物对象应以怎样的方式与认知者关联在一起。但必须承认，史密斯亦有盲点，他最大的问题在于没有将亲知置于“所与神话”批判的语境之中。本节将讨论如何挽救史密斯的理论，并

---

① David Woodruff Smith, *The Circle of Acquaintance: Perception, Consciousness, and Empathy*, Dordrecht; Boston; London: Kluwer Academic Publishers, 1989, p. 210.

让他的思想资源为我们所用。

一 "亲知经验"中的"背景信念"预设

单纯局限于史密斯的话语框架之内，难以暴露其理论盲点。为此，笔者将首先运用富莫顿的术语体系来重新打磨史密斯所用的概念框架，以更好地揭示其局限。

前面提到，史密斯认为亲知经验预设了背景信念，站在亲知指示词"这"的背后是信念，"这是当下在我面前，以现实性的方式，引起我此刻经验的对象"。与此同时，亲知的心理内容与背景信念之间的关系是前者蕴含后者。这里就涉及了史密斯与富莫顿的一个重要分歧。在富莫顿的非推论辩护结构中，亲知事物P、亲知命题P以及亲知事物P和命题P的相符关系是三个亲知行动，将它们组合在一块儿才能形成一个有认知辩护功能的非推论结构。然而在史密斯的语境里，一旦通过亲知事物P而获得了亲知经验，那么命题P就分析性地蕴含于亲知事物P之中，无形间给亲知事物P赋予了太多职能。

更为麻烦的是，史密斯无法解释富莫顿提到的"亲知错误的真值制造者"的情况。富莫顿持可错的非推论辩护立场，认知者可以亲知到一个与事物P非常相近的事物Q，与此同时，认知者还亲知到命题P，以及事物Q与命题P的相符关系。且认知者在亲知事物Q的过程中没有出现问题，产生差池的是他错误地以为自己亲知了命题P，以及亲知了事物Q相符于命题P这两个后续环节。

但是根据史密斯的理论，面对事物Q，认知者如果错误地将事物Q亲知为事物P，那么他就顺理成章地、分析性地推导出认知者持有命题P。也就是说，在史密斯的理论框架下，认知者从亲知事物Q这个初始环节就开始出错了，而不是像富莫顿所主张的，亲知事物P并没有出错，错误发生于亲知命题P，以及亲知事物Q相符于命题P这两个在后的步骤之中。

富莫顿理论所刻画的认知图景是：认知者亲知事物并不会产生

问题，麻烦出在认知者错误地、不自觉地亲知到了自己的经验资源，从而产生了错误的非推论辩护。笔者认为富莫顿此处的理论思路是正确的。

相应地，史密斯描绘的认知图景则是：认知者错误地亲知了事物，所以形成错误的非推论辩护。但关键问题在于，什么样的行动才能够算得上是“错误的亲知”呢？也许有人会帮助史密斯回答：“鲁莽的亲知”或许是一种错误的亲知。然而，认知者如果处于鲁莽的认知心态下，那么他所亲知的事物 Q 就在真值制造者层面自动变为事物 P 吗？显然不是，鲁莽并不发生于亲知真值制造者环节，即使是鲁莽的认知者，他所亲知的依然是事物 Q，只不过他在后续的亲知过程中深受鲁莽状态的影响，不当地把命题 P 拿来描述事物 Q 而已。

通过分析我们可以看到，史密斯将背景信念视为亲知经验中的一环的做法是站不住脚的，他在亲知中添加了太多成分。就亲知真值承载者这一方面而言，亲知理论应该摒弃史密斯的错误论述。

二　“亲知经验”中的各类意向性

借用富莫顿的非推论辩护，我们可以发现史密斯在亲知经验中错误地预设了背景信念，现在笔者将运用麦克道的思想资源来批评史密斯理论中所没区分出的意向性层次。

在史密斯语境里，意向性主要指认知者将意识指向对象的能力。但是诚如麦克道所揭示的，意识存在着多种指涉事物的方式。在上一章中，我们已经论述了心智正常的认知者至少会拥有如下三类意向性：直观意向性、识别意向性和判断意向性。前两种意向性是非推论的，第三种意向性则是推论能力的体现。史密斯口中的意向性是哪一种呢？

答案是三种都有。最符合亲知论者口味的莫过于非推论辩护中的识别意向性。史密斯对识别意向性的论述可以参考上文提及的伊迪与艾迪观鸟案例。伊迪与艾迪都是鸟类专家，但或许当日伊迪的认知状态更好一些，又或者他所持有的鸟类知识更多一些，以至于他能在斑驳的树影中识别出一只黄鹂鸟。史密斯用此案例证明，单纯地在因果层面接收到了对象发射出的信息（光线照在黄鹂鸟的身上，折射进认知者的眼球，光线中携带的信息冲击着认知者的视网膜）并不是亲知的充分条件，亲知还需要识别意向性的参与。

不过史密斯的理论也并不排斥直观意向性。请试想在一个纯白的房间里，一个黑色球体从认知者眼前滚过。由于认知对象是个黑色球体，与纯白的背景颜色反差巨大，对认知者而言并不是一个复杂的认知对象，仅涉及形状、颜色、尺寸、位置和运动。所以认知者亲知到球体时，可以不涉及更高级别的 SGA 能力，亲知经验在现象层面就能与直观意向性相互匹配①，不必加入更高层级的识别意向性。此时认知者亲知经验里所运用到的，就仅是直观意向性。

然而在很多时候，史密斯的意向性概念还指向判断意向性。史密斯始终强调自己刻画亲知的方式类比了语义学。正如把满足成真条件的状态填充进命题一样，我们的亲知经验也是这样一种语义式的满足关系。当我们说“认知者亲知到了某一对象”时，其背后的语义是指：

> 在现实性层面，外在于认知者的认知对象，以及认知对象与认知者所处的因果语境，满足于（is satisfied by）认知者的心理内容。

当然，我们也可以将这个被动表达转换为主动模式，也即：

---

① 请注意，笔者此处使用的是“可以不涉及”，而非“不涉及”。因为在此情境下，认知者既能直观到一个球体从其面前滚动而过，也可以识别出这个球体的各种精细性质等。只不过在最简意义上，认知者的亲知可以只涉及直观意向性。

> 在现实性层面，认知者的心理内容规定了（prescribes）外在于认知者的认知对象，以及认知对象与认知者所处的因果语境。

史密斯一再表明，运用语义学方式来界定亲知经验并不发生于语言层面，由于亲知经验不摄入“有意识的推论”（conscious inference）[①]，所以即使采用了语义学的方式来说明亲知，也不会使得亲知成为摹状知识。虽然史密斯排除了“有意识的推论”，他却依然主张亲知必须是一种“有意识的意向状态”，唯有这样才能保证亲知中的心理内容存在着“意向力量”（intentional force）[②]，进而能够规定认知对象，或让对象满足于心理内容。在笔者看来，史密斯口中的“满足”或“规定”虽不及明述语言中的推论程度，却已然具备了判断的意向结构，是认知者在知觉经验层面上有意地、积极地、主动地运用概念能力的体现。

尤其在论及背景信念的时候，史密斯运用判断意向的做法更为明显。他指出（中文语境下难以看出亲知指示词中的命题结构，笔者将原文一并附上）：

> 我看见“这”预设了我持有如下信念“这是当下在我面前，并且引起我此刻经验的对象”。（My seeing ‘this’ presupposes my believing that ‘this is the object that is actually now here before me and causing this very experience’.）[③]

① David Woodruff Smith, *The Circle of Acquaintance: Perception, Consciousness, and Empathy*, Dordrecht; Boston; London: Kluwer Academic Publishers, 1989, p. 133.

② David Woodruff Smith, *The Circle of Acquaintance: Perception, Consciousness, and Empathy*, Dordrecht; Boston; London: Kluwer Academic Publishers, 1989, p. 29.

③ David Woodruff Smith, *The Circle of Acquaintance: Perception, Consciousness, and Empathy*, Dordrecht; Boston; London: Kluwer Academic Publishers, 1989, p. 210.

可以看到，指示型亲知经验中存在着明显的判断结构。一方面，“看”（seeing）这类感知行为里蛰伏着“相信”（believing）行动（尽管此信念未必需要明述出来）；另一方面，“相信”后面接的成分中，也有着命题结构，即“认知对象”与“当下在我面前，并且引起我此刻经验的对象”的判断关系。一言以蔽之，史密斯口中的意向性有时也可指涉判断意向性。

在上一章中，笔者已经证明，判断意向性对于亲知理论而言负载过重，贸然将其加入亲知经验里，只会使得亲知跌入推论辩护之中，进而面对认知后退与概念后退的无限恶循环。因此，史密斯将判断意向性拉入亲知领域的做法是成问题的。

三 符合非推论辩护的指示型亲知

通过上述分析，笔者证明了史密斯笔下的亲知概念相对粗糙，且过分理智化。若想将史密斯的框架纳入我们的视野里，就得在保证史密斯洞见的同时，剔除史密斯的不当预设。

上节提到的“背景信念”和“判断意向性”显然应当排除出亲知理论。笔者认为，史密斯之所以没有敏感地意识到自己的问题，部分原因可归咎于他使用的概念术语“索引词”（indexicals）。“索引词”一般是“索引表达”（indexical expressions）[①] 的缩写。索引词不同于指示词，就概念层次而言，学界一般将指示词视为“纯索引词”，纯索引词是指示词的一个子类，一般仅有“这”和“那”才能充当指示词。相较之下，“我”“你”“现在”等都是索引词，它们并不如指示词“这”“那”来得纯粹。索引词与指示词之间存在着单向还原关系，前者可以还原到后者，比如索引词“我”能够还原成“现在说话的这个人”，但后者却无法还原成前者，因为指示词是最为纯粹而精简的语义载体，我们不能再对其做进一步的提纯。

---

① Yehoshua Bar-Hillel, “Indexical Expressions,” *Mind*, Vol. 63, No. 252, 1954, pp. 359 - 379.

一旦明确了这点，我们就能发现史密斯不加区分地使用“索引型亲知”和“指示型亲知”的做法是成问题的，因为这无形之中会在“指示型亲知”里面添加过多理智成分。试想，如果我们仅是在指示词“这”的意义来理解亲知，那么根本就不用摄入判断意向性，因为一旦亲知中有了判断，那么就会从“这”转换成“这是”。此外，指示词“这”中更不能分析性地预设背景信念，因为背景信念也必须通过“这是”的方式来加以表达。

那么认知者该如何抑制运用判断意向性的冲动，并排除背景信念，进而真正地理解指示型亲知呢?

格特勒的洞见值得我们重视。在早年文献中，她区分了两类指示词：一类是“普通指示词”（ordinary demonstratives），认知者需要通过意向行动，有意识地将外在对象挑选出来（pick out），置于满足条件的摹状语句里面。史密斯的“索引型亲知”所指称的便是这类普通指示词。另一类“纯粹指示词”（pure demonstratives）① 则不需要借助任何语言或命题成分，与非推论辩护有着极强的亲缘性。十年后，格特勒沿着此思路进一步发挥，指出在指示型亲知中，外物的性质“当下在我这里得到了实例化”［（instantiated（in me, now）］。②“实例化”所刻画的是认知者在经验层面被动地呈现了处于特定时空中的事物，这一过程既不涉及任何命题态度，也与判断意向性无关，因而是修饰真值承载者（也即非推论辩护中的“思想P”）的最理想选择。

然而格特勒没有意识到，借用“纯粹指示词”和“实例化”来重构“亲知真值承载者”虽然能在一定程度上廓清亲知与摹状的边界，却无法抵御“可能世界”的攻击。正如笔者在第五章第一节中所揭示的，我们可以从无数可能世界的情形里，找到完全相同的实

① Brie Gertler, “Introspecting Phenomenal States,” *Philosophy and Phenomenological Research*, Vol. 63, No. 2, . 2001, p. 314.

② Brie Gertler, “Renewed Acquaintance,” in Declan Smithies, Daniel Stoljar eds., *Introspection and Consciousness*, Oxford: Oxford University Press, 2012, p. 118.

例化经验来匹配认知者的指示型亲知，这就陷入同一心理内容对应多个外在对象的“外在主义教条”之中了。

因此，我们必须借用史密斯的“现实性”限制条件，来勾勒真值制造者与真值承载者之间的关系。认知者亲知到的真值承载者（思想P）与其真值制造者（事物P）之间应当关联着物理因果语境，并且，这种关联仅发生于认知者所处的唯一一个现实世界。即使在某个可能世界，认知者$_{孪生地球}$所亲知到的真值承载者与认知者$_{地球}$亲知到的真值承载者完全一致，他们的指示型亲知经验也不可互相替换。因为在指示型亲知经验里，认知者$_{地球}$亲知到的真值承载者与同一世界里的真值制造者牢牢地捆绑在一起。

我们现在试着将上述所有思想资源熔冶于一炉。指示型亲知是最精简的亲知形态，也是非推论辩护中不可或缺的环节。首先，指示型亲知与判断意向性无关，只能出现在直观意向性与识别意向性之中，这是其非推论属性所决定的。其次，之所以用指示型来刻画亲知，是因为亲知本身有着指示词的结构，它一方面表达了描述真值制造者的亲知经验是实例化的；另一方面又受制于“现实性”条件，将认知者所处世界的真值制造者嵌入实例化的真值承载者内部。再次，应当注意到，认知者有可能错误地关联了真值制造者与真值承载者，但即使如此，错误的真值承载者也与认知者所处世界的真值制造者绑定在一起，这是“现实性”条件所要求的。最后，当认知者亲知了满足上述条件的真值制造者和真值承载者之间的相符关系后，他便获得了一个能够回避“所与神话”的非推论辩护了。

借用形式语言表述，即为：

认知者非推论地辩护了信念P，当且仅当：

(1) 他亲知了事物P，并且——

(1a) 亲知不涉及判断意向性，

(1b) 亲知仅与直观意向性或识别意向性有关；

（2）亲知了思想P，并且——

（2a）思想P是事物P的实例化，

（2b）思想P与事物P有着现实性的关联（尽管这个关联可能会出错）；

（3）亲知了事物P与思想P之间的符合关系。

第七章

重构亲知

笔者曾提到，对罗素而言，“直接性”是亲知的核心特征。尽管“直接性”的概念较为模糊，且其不同时期的文本在界定此概念时也存在着不小的差异，但“第一手性”和“非推论性”始终是较为公认的“直接性”。前者关乎罗素语义还原的构想，后者则属于罗素基础主义认识论的一部分。问题是，虽然“第一手性”与“非推论性”有重叠之处，但两者毕竟是不同的性质，它们之间究竟是怎样的关系呢？是一方服从于另一方，还是处于平等地位？若是两者地位相当，它们到底是合取关系还是析取关系？

根据罗素的文本，我们大致可以推断：1912 年以前，罗素虽对亲知的“非推论性”有所认识，却无意于构建与之相关的认识论计划，因而 1902—1912 年罗素视“第一手性”优先于“非推论性”。1912 年以后，罗素的研究重心有所转移，从探寻语言的逻辑结构过渡到发掘认识的原初基础，“非推论性”也就顺理成章地取代了“第一手性”，成为 1912—1918 年罗素刻画亲知的核心特征。不过也应当注意，罗素本人并未仔细地区分这两种直接性，这也是为什么虽然 1921 年以后罗素放弃的仅是作为知识基础的亲知，但大部分学者却径直以为他摒弃了关于亲知的所有概念框架。总结罗素的思想发展，可以推知，在他看来，界定亲知“直接性”的最佳方式当属“第一手性”。对此，笔者表示认同。

然而笔者认为，罗素放弃亲知的“非推论性”的做法过于草率，缺乏深入思考。诚然，“非推论性”会给亲知带来许多质疑，无论是罗素自己（第三章）还是他同时代的学者（第四章），都对“非推论亲知”中的困境有所觉察。然而，通过第五与第六章的讨论，笔者论证了一种能够回避“所与神话”的“非推论亲知（感觉亲知）”理论。也就是说，“非推论性”依然可以视为亲知的特征之一。

“非推论亲知”是一种最典范意义上的亲知，也是最难说明和论证的亲知（罗素正是在这个层面放弃了亲知的认识论计划），但是除此之外还存在着许多其他的亲知类型，比如“推论亲知”“观念亲知”“共相/科学理论亲知”等。也就是说，对于亲知而言，“非推论性”虽然重要，却无法像“第一手性”那样成为概括“直接性”或亲知本身的最本质特征。在亲知理论中，“非推论性”应当臣服于“第一手性”。

第一节　厘定亲知标准

一　“第一手亲知”与“非推论亲知”的种类差异

我们先来看“第一手性/第一手亲知”与“非推论性/非推论亲知”之间的差异。一方面，拥有“第一手亲知”并不意味着同时获得了“非推论亲知”。试想，有位俄语基础相当不错的读者能直接上手阅读陀思妥耶夫斯基的经典著作《罪与罚》。经过反复研究，他已熟悉该书中的各类人物关系、剧情发展以及文学价值。在此情况下，相较其他只能阅读《罪与罚》中文译本的读者而言，我们当然可以说这位俄语高手有着阅读《罪与罚》的第一手经验。但是，他对俄语《罪与罚》的第一手亲知只能通过推论的方式才能获得，因为在消化文本的过程中，他必须借助认知层面的判断，或曰上文中提及的判断意向性，而不是非推论层面的直接感知

（直观意向性或识别意向性）。[1] 可见，“第一手亲知”并不蕴含“非推论亲知”。

另一方面，持有“非推论亲知”也不会直接推导出该亲知是“第一手亲知”。以达·芬奇的《蒙娜丽莎》为例，欣赏此画需要我们积极地调用视觉感知能力。当我们仔细地观摩了此画之后，便对它形成了“非推论亲知”。但此时的“非推论亲知”未必就是第一手的，经济优渥的鉴赏家能前往法国巴黎的罗浮宫一睹《蒙娜丽莎》的风采，对于没有稳定经济来源的学生而言，领略《蒙娜丽莎》魅力的途径往往是画册或电子图片。虽然鉴赏家与学生都对作品产生了非推论亲知，不过相较[2]前者而言，学生的亲知往往是第二手甚至是多手（二手及二手以上）的经验。

不难看出，第一手经验与多手经验之间的差异，是由认知者的认知行动和认知对象之间的远近关系来决定；不同的是，非推论经验致力于描述认知经验当中是否蕴含推论环节，它考察的是经验本身的类型究竟为何。因此，第一手经验与非推论经验之间并没有对应关系，两者虽会有重叠，但绝不可等同。

二　界定“第一手性”

那么问题来了，如果要重构亲知理论，究竟是需要“第一手性”还是“非推论性”呢？前面提到，罗素本人选取了“第一手性”。笔者认可罗素的观点。人类的认知视野非常辽阔，“非推论亲知”所刻画的仅是与感觉相关的亲知。原则上，剩下的其他知

① 也许有人会质疑，俄语高手的阅读行为也依赖于他的视觉感知能力，因为他只有将白纸上的黑字辨别出来，才能在脑海中进行与判断相关的信息加工。但笔者想强调的是，此时的视觉感知对于俄语高手的阅读而言，仅起到了因果作用，并不会成为阅读经验中的直接构成成分。

② 请注意，笔者此处用到了程度副词“相较”。这是因为衡量“第一手性”的标准在于认知者与认知对象的亲密关系，我们很难说存在着一个“最亲密”的状态，而只能说“相较”于另一方，这一方“更亲密”。因此在界定“第一手性”的时候，我们必须考虑程度的问题。

识类型也可以由亲知来加以描述。因而“非推论性”并不能穷尽亲知的所有概念潜能，我们必须依托“第一手性”来探寻亲知的本性。

近年来，“第一手亲知”逐渐引起了学界的重视。有意思的是，很多论证并没有完全在认识论领域里展开，而是被英国经验主义美学的领域所捕捉到。沃尔海姆（Richard Wollheim）在《艺术及其对象》（*Art and Its Objects*）一书中写道：

> 亲知原则坚持认为，不同于道德知识的判断，审美价值的判断必定是建基于对它们对象的第一手经验（first-hand experience）之上，并且，它并未期待在非常狭窄的限度之内，经由某人传递给另个人。①

此界定较早地凸显了亲知中的“第一手性”，无疑具有深刻的洞见。然而这并不意味着如是界定亲知就没有争议，许多当代学者运用“适足替代品”论证和“可传递”论证来诘难“第一手亲知”。

三 对第一手性的反驳（一）：适足替代品论证

托梅（Alan Tormey）最早意识到适足替代品的重要性。他认为，我们在知觉层面对作品形成的审美性质（quality）或审美价值（value）才是审美判断真正的对象，审美判断不应该局限于对艺术原品的欣赏之中。基于上述原因，他提出了“适足替代品”② 这一术语。所谓“替代品”，是指拥有艺术原品审美性质或审美价值的“知觉类似物”（perceptual analogs），比如照片、影像等，都是替

---

① Richard Wollheim, *Art and Its Objects*, Cambridge: Cambridge University Press, 1980, p. 233.

② Alan Tormey, “Critical Judgment,” *Theoria*, Vol. 39, 1973, p. 39.

代品的种类。审美主体的审美判断既能立足于艺术原品，也可以基于“适足替代品”。

利文斯顿进一步精致化了适足替代品论证。他认为，知觉类似并不是衡量替代品的标准。比如1917年，艺术家杜尚（Marcel Duchamp）在一幅达·芬奇《蒙娜丽莎》的印刷品上，用铅笔给蒙娜丽莎画上了胡子。杜尚将该作品命名为“L. H. O. O. Q”，并公之于世。由于是印刷品的缘故，除了杜尚添加的胡子外，在知觉层面“L. H. O. O. Q”与《蒙娜丽莎》几乎一模一样，但是我们却不能视该作品为《蒙娜丽莎》的适足替代品，因为“L. H. O. O. Q”的审美特征（aesthetic features）已经发生了变化，即从《蒙娜丽莎》的“优雅”与“美感”转移至“L. H. O. O. Q”的“藐视传统”和“反艺术”。基于上述考量，利文斯顿对适足替代品的定义进行了修正：

> 当O_2直接呈现了足够与O_1性质相一致（qualitatively identical）的审美特征，或者当O_2表征或描写O_1时，在O_2上能够观察到O_1足够多的相关特征，我们便能说：对象O_2是另一对象O_1的适足美学替代品。①

不难发现，托梅与利文斯顿都将审美判断从艺术原品当中解放了出来，对艺术作品形成“第一手亲知”未必是必要条件，因为能够决定审美判断的是审美特性、审美特征或是审美价值，它们在多手的情况下也能实现。只不过，利文斯顿将托梅的“知觉类似”改造为“特征相关”，从而避免了“知觉上类似，但是审美判断上会有差异”的情形。

① Paisley Livingston, “On an Apparent Truism in Aesthetics,” *British Journal of Aesthetics*, Vol. 43, No. 3, 2003, p. 264.

四 对第一手性的反驳（二）：可传递论证

一般认为，信念层面的知识是可以传递的。信念是认知者对外在对象的描绘与判断——认知者将外部对象表征于私人经验之中并形成信念，接着将信念与外在对象进行比较，如果两者相互符合，则该信念为真，反之为假。一旦信念的真值/假值得到确定，我们就能将其记录下来，传递给他人。报纸、课本和书籍中的信息，都是可以传递的。

但是，那些不借助信念的非推论经验，尤其是蕴含审美特性的非推论经验，是否可以传递呢？传统亲知原则认为不可以。因为在很多时候，审美判断涉及的审美特性是现象性质（phenomenal properties）。现象性质是某物属性在认知者心智层面的显现。比如，当认知者看到一枝红玫瑰的时候，光波在视网膜中央凹里所形成的玫瑰花影像，便是现象性的。花瓣的红色、叶子的绿色等色彩体验，均是现象性质。一般来说，我们用“成为那个认知者会是什么样子”（what it is like to be that subject）或“某物看起来是什么样”（something-it-is-like to）[①] 的表达式来阐述现象性质。审美判断所涉及的审美性质（诸如“这是美的”）与现象性质（诸如“这是红的”）相仿，其指称对象都是内在于主体经验的，因而是高度私人化的、不可传递的。亲知是我们通达现象性质的唯一途径。

适足替代品论证与可传递论证是非常相似的，两者之间亦有交集，只不过各自的侧重不同。前者所质疑的是审美判断的对象究竟是艺术作品原品，还是其他可替代的审美特征；后者则强调审美性质如何能够得到保留和传递。可见，后一个论证是前一个论证的加深。

---

① 自从内格尔（Thomas Negal）“What It Is Like to Be a Bat”发表后，“what it is like to be”就成为讨论身心问题的关键词汇。特别是在知识论证（knowledge argument）的讨论中，what it is like to be 与感受质（Qualia）成为心智哲学中的“难问题”。一般来说，与认知者私人感受经验挂钩的内容，均能用 what it is like to be 来表达。

当代学者洛佩斯（Dominic McIver Lopes）对上述传统的亲知原则持反对意见。在他看来审美性质是可以传递的。他主张，传递性是对不同表征之间“内容保留关系”（content-preserving relation）的刻画：

> R_1得以被R_2传递，当且仅当R_2所完全掌握的是包括R_1内容的状态R_3。①

也就是说，在传递的过程中，只要感觉内容或审美性质得到保留，我们便可以称这个传递过程是成功的。假使这一推论站得住脚，那么非推论型经验，比如感觉经验、审美体验也是可以传递的。洛佩斯的观点在日常生活中非常普遍：我们往往会基于旅行手册上的风景照片影像，就决定自己下一站旅行的目的地，这正是审美判断经由图像的方式得到传递的例证。

五　替第一手性辩护

笔者认为，无论是“适足替代品”论证还是“可传递”论证，都过分低估了审美对象在审美活动中的重要性。品鉴艺术品时，一个很重要的步骤是“反复把玩”。反复把玩实际上是审美主体在全方位地了解艺术品的各个侧面。这一过程依赖于审美主体与艺术原品之间的一种直接交互过程，是任何适足替代品都满足不了的，因为我们不知道在二手乃至多手的转换过程中，适足替代品是否会遗漏原品中的相关审美性质、特征或价值。只要适足替代品不能百分之一百地实现艺术原品的每一个侧面和细节，我们就完全有理由将“适足替代品”论证抛之脑后。

这个局限在可传递论证中表现得更为明显。具体而言，洛佩斯

---

① Dominic McIver Lopes, “Aesthetic Acquaintance,” *Modern Schoolman*, Vol. 86 (3/4), 2009, p. 272.

认为旅行家可以通过照片的形式，将壮美景色的审美性质、特征和价值传递给读者，但事实上，照片中表征出的美景属性，是高度索引性的（请参见第六章的相关论述）。照片所传达的，仅仅是旅行家在特定的时间和空间，基于特定的视角、手法和拍摄器械，所呈现出的“旅行家眼中的审美性质、特征和价值”，而非“读者将会体验到的审美性质、特征和价值”。如果洛佩斯想要自圆其说，那么他必须证明：当看见同一个风景时，旅行家的审美判断，与读者未来的审美判断将完全吻合。但是显然，洛佩斯的理论是做不到的。当然，笔者并不打算论证洛佩斯的可传递论证是错的。毕竟旅行家可以通过高超的摄影手段，把自己的亲知体验（比如欣赏景物的某一特定角度）部分地凝结于照片之上，进而传递给读者。相应地，受过专业训练、对摄影有所心得的读者也能在一定程度上感知到旅行家拍照时的“匠心”，也即旅行家所意图表达出的亲知感受。在此意义上，传递论证有其价值。只不过在笔者看来，旅行家的亲知传递过程无法替代读者自身的第一手亲知，更不能因此而否认读者第一手亲知的优先价值。①

通过论证，笔者证明了艺术原品的审美价值既不能被适足替代品所取代，亦无法借助图像媒介而得到完全传递。鉴赏者只有通过亲身经验，才是理解原品的最佳方式。不过这并不意味着艺术替代品，或其他媒介表征形式不重要。笔者想强调的是，在利用新的媒介对作品进行再次表征的时候，我们所感受到的审美对象已经受到了审美加工，如果认知者不能有意识地识别出加工成分，那么他实际上就已经在理解另一幅作品了，亲知更是无从谈起。

关于“第一手性”的讨论，经验美学与认知经验是同构的，因而上述结论也可以直接平移到认知领域里，亲知的“第一手性”不能仅靠适足的知觉替代品，或是人工媒介而得到传递。当代学者针

---

① 关于亲知的可传递论证，笔者有过专门的论述，参见章含舟《论图像与审美亲知的传递性——为洛佩斯一辩》，《外国美学》2022 年第 36 辑，第 152—168 页。

对亲知“第一手性”的批评是站不住脚的。

第二节 重审亲知原则

一 认知对象与亲知原则

“非推论性”在亲知中有着重要的一席之地，罗素最初提出亲知的动机之一就是刻画非推论的感觉亲知。1911—1918 年，他更是将“非推论亲知”视为所有知识的基础。不过笔者一再强调，“非推论亲知”只是亲知的一个子类，它虽然是人类一切认知（包括其他类型的亲知）的开端，却不能穷尽亲知的所有品性。如果把“非推论亲知”视为亲知坐标中的一个极端，那么在坐标横轴上还存在着其他类型的亲知：比如前文提及的阅读体验就涉及“推论亲知”；理解艺术作品背后所传递的观念信息，可视为“观念亲知”（conceptual acquaintance）①；此外还有“对共相/科学理论的亲知”②，等等。由此说来，真正彰显亲知实质的并不是亲知的“知识类型”，而是亲知的“知识来源”，也即认知者与认知对象之间的亲密程度。无论认知

① 利威特（Sol LeWitt）是倡导“观念艺术”的重要艺术家之一。在他看来，相较于传统艺术鉴赏过分侧重于具体的艺术成品（例如一幅惟妙惟肖的画作，抑或一个栩栩如生的雕塑），观念艺术更愿意将重心放在作品背后的理念和观念上。随后不少哲学学者意识到，艺术观念或许可以成为亲知的对象，并围绕着观念艺术能否与亲知原则相兼容展开了许多讨论。笔者认为，艺术品的观念也是亲知的对象，因此我们存在着“观念亲知”。关于观念艺术的界定，可见：Sol LeWitt，“Paragraphs on Conceptual Art，” in Alexander Alberro，Blake Stimson eds.，*Conceptual Art：A Critical Anthology*，Cambridge，MA.：MIT Press，1999（1967），p. 14. 探讨观念艺术与亲知原则的文献，可见：Louise Hanson，“Conceptual Art and the Acquaintance Principle，” *Journal of Aesthetics and Art Criticism*，Vol. 73，No. 3，2015，pp. 247 – 258；and Andrea Sauchelli，“The Acquaintance Principle，Aesthetic Judgments，and Conceptual Art，” *The Journal of Aesthetic Education*，Vol. 50，No. 1，2016，pp. 1 – 15.

② 郁振华：《再论亲知——从罗素到凯农》，《华东师范大学学报》（哲学社会科学版）2010 年第 4 期，第 10 页。

对象是感觉、记忆、概念、理论抑或是能力，只要认知者亲身参与在认识过程中，并且始终与这些对象保持认知亲密性，那么认知者所持有的就是亲知。相反，一旦此过程介入了认知中介，拉开了认知者与认知对象的距离，认知者所形成的便是第二手知识（甚至是多手知识）了。

不过，这样理解亲知存在着过分泛化知识的嫌疑，好似一切杂多经验都可以算得上知识。为此，笔者想提醒的是，为了区别于普通经验，知识必须具有知识辩护形式。即使是最极端意义上的感觉亲知/非推论亲知，也必须经受“所与神话”的考验。唯有完成了非推论辩护，才有资格谈论认知者所持有的感觉知识是否属于第一手亲知。与此同时，各类知识所激发的亲知能力也不尽相同，感觉型亲知只需要直观意向性或识别意向性，而亲知摹状知识则必须动用判断意向性。

区分一手、二手和多手的标准并非固定不变的，得看认知者与认知对象之间的具体关系。相较专业鉴赏家 A 去法国罗浮宫欣赏《蒙娜丽莎》而言，经济拮据的学生 B 通过网络图片了解画作细节显然是“第二手知识”。但如果置换语境，学生 B 在家借助网络图像观摩了《蒙娜丽莎》，而另一位对艺术作品全然没有兴趣的学生 C 只是粗略地听他人提起过《蒙娜丽莎》，比如画作的背景色调偏深暗，蒙娜丽莎的笑容富有神秘感等，此时相较 C 脑海中的知识，B 的知识就演变成“第一手亲知”了。

当然了，同一位认知者也有可能同时持有“第一手亲知”“二手知识”甚至“多手知识”。请接着试想学生 C 有朝一日突然喜欢上了艺术品，他也积极地在网上寻找《蒙娜丽莎》的图像信息，甚至通过不懈努力，打工攒钱前往罗浮宫一睹《蒙娜丽莎》原作的风采。此时，他的知识系统内，至少存在着欣赏原作的“第一手亲知”、浏览网络图片的“二手知识”以及听取他人对艺术作品介绍的“多手知识”。

因此，界定亲知是否属于“第一手”，并非事关“性质”，而是

“程度”问题。必须将亲知经验置于一个具体的参考系中。通过比较认知对象在不同认知者亲知经验中扮演的角色，或是综合比较认知者自身持有的各类亲知经验，才能判断出亲知的亲密性程度，进而有效地区分出一手亲知、二手知识和多手知识。

与此同时，亲知对象所蕴含的内在特征也决定了认知者所持知识究竟是一手亲知，还是二手或多手知识。《蒙娜丽莎》是一幅画作，因而观看《蒙娜丽莎》要比聆听关于《蒙娜丽莎》的传闻知识更具优先性；《罪与罚》是一本著作，推论性地阅读这本书籍，会比细嗅该书的油印墨香而形成的感觉亲知（嗅觉亲知）来得更加直接。由是可见，仅凭亲知的“知识类型”（感觉亲知、推论亲知或观念亲知等）无法直接推导出亲知本身的“知识来源”，后者需要根据对象本身所蕴含的特征来决定。从这个意义上看，认知对象的特征必须构筑于认知者的亲知经验之中。

现在我们可以重构出亲知的第一条原则：亲知是认知者围绕着认知对象所蕴含的特征而形成的认知关系。

二　认知目的与亲知原则

吉奇（Peter Geach）曾颇具新意地指出，亲知可能是间接的、中介化的。[①] 这似乎完全与罗素的亲知理论相悖。当然，吉奇对“间接性/中介性”做了一番特定的描述，他如是写道：

> 当一个词用作专名时，首先必定有人亲知叫这个名字的对象。但语言是一种规制、一个传统。就像语言的其他特征那样，某个给定的名称用于某个给定的对象，可能代代相传；使用专名所要求的亲知可能是间接的，而非直接的。[②]

---

① 吉奇使用的概念是“mediate”，该词既可以翻译为“间接的”，也可以翻译为“中介化的”。笔者会根据语境对这个翻译进行微调，以更好地突出学者们使用该词的用意。

② Peter T. Geach, *Logic Matters*, Oxford: Basil Blackwell, 1972, p. 155.

此处的“间接性”是指认知者无法直接通过感觉亲知而与认知对象形成当下的关联，因而只能求助于语言或其他类型的知识。其实这个问题在罗素《由亲知而来的知识与由摹状而来的知识》里也提到过，他用“俾斯麦是位精明的外交官”为例加以说明。罗素的处理方式是：由于俾斯麦是历史人物，认知者无法对其形成亲知，因而只能借助摹状词（历史知识、他人传言）这类认知“中介”而将俾斯麦的各类属性刻画出来，接着再通过亲知这些属性来填充对俾斯麦的理解。

类似地，凯农（Dale Cannon）也曾提及过“‘中介化’的亲知”（“mediated” acquaintance knowing）[①] 这个概念。在探险过程中使用探棒来“接触”孔穴便是一例。探险家手持探棒试探孔穴，其关注重心不在探棒，而是集中于手指、手掌和手臂上的感觉，以直接感知孔穴的各类特征。此时探棒虽然隔于探险家与孔穴之间，但却并没有终止亲知，而是“我们肉身存在的自然禀赋的延长”（此处借用了郁振华的说法）[②]。不过，认知中介在某些时候也会终止亲知。探险家在试探孔穴的一刹那，突然端详着这支探棒，回忆起探棒与自己一同走过的山川河流，百感交集，汇聚于心，那么此时作为认知中介的探棒便终止了探险家对孔穴的亲知。凯农与郁振华运用“辅助觉知”（subsidiary awareness）和“焦点觉知”（focal awareness）的概念区分，来论证认知中介的“游移品格”：当认知者不得不借助认知中介时，倘若中介在认知过程中仅起到提供细节活线索的辅助作用，那么中介不仅不会中断认知者的亲知，反而还在某种程度上拓展了亲知；相反，如果认知者忽然改变认知焦点，聚焦于认知中介物上，此前的亲知也就自然而然地消失了。

笔者认可凯农与郁振华的洞见，并想沿此思路进一步指出：认

---

① Dale Cannon, “Construing Polanyi's Tacit Knowing as Knowing by Acquaintance Rather than Knowing by Representation,” *Tradition and Discovery: The Polanyi Society Periodical*, Vol. 29, No. 2, 2002 - 2003, p. 38.

② 郁振华：《再论亲知——从罗素到凯农》，《华东师范大学学报》（哲学社会科学版）2010 年第 4 期，第 9 页。

知者对待认知中介的态度（焦点抑或是辅助）服务于认知者所持有的特定认知目的。认知目的决定了认知者的觉知焦点究竟是投向“事物”还是“中介”。以上文中的探棒为例，探险者用探棒试探孔穴，其觉知的焦点集中于孔穴的具体特征，服务于探险者勘探自身所处探险环境这一认知目的。在探索过程中，探险者突然对其手持的探棒百感交集，此时觉知焦点就自然从孔穴特征转变成了探棒（认知中介），是探险者回忆感慨这一认知目的的体现。此外，笔者还想强调一点，在感觉亲知中，认知目的无须明确表达（不必落实在语言文字上），也未必一成不变，否则我们就会不经意间在感觉亲知中添加了判断意向性成分，使得感觉亲知落入“所与神话”之中。

因此，我们不妨从“认知目的”的角度进一步完善亲知原则：亲知是认知者基于认知目的，围绕着认知对象所蕴含的特征而形成的认知关系。

第三节　亲知与其他知识的关系

笔者已于第七章第一节中分析了“第一手亲知”如何不同于“非推论亲知”，并捍卫了“第一手性”概念的合法性；在第二节中，笔者指出亲知的“直接性”应当落实于“第一手性”，并从“认知对象”和“认知目的”两个角度，刻画了基于“第一手性”的亲知理论，在重构亲知理论的同时，明确地提出了相应的亲知原则。现在笔者将进一步在“第一手性”的层面去谈论感觉亲知、命题知识和能力知识之间的关联，以勾勒人类的知识图景。

一　服从“第一手性”的感觉亲知

在第五章和第六章，笔者刻画了既能回避“所与神话”批判，又能为知识提供部分认知基础的感觉亲知模型。然而，笔者并未论述此类感觉亲知与“第一手性”的关系。在本节，笔者将交代一种能够服从“第一手性”的感觉亲知理论，试着在“第一手性”的维度上澄清“非推论性”。

百年间，已有不少学者意识到感觉亲知带有极强的个体痕迹：凯农从亲知能够增加“第一人称参与”（first-person participation）的角度，论证了亲知如何在关联外物的过程中趋向真理①；法学家哈特（H. L. A. Hart）颇有创意地将“所有权”（ownership）概念引入了亲知，形成了亲知便意味着认知者“持有”（holding）了认知对象②；佩里（John Perry）发现，亲知使认知者所拥有的认知资源处于“认知可及达”（epistemically accessible）的状态③。“参与”“持有”“认知可及达”是感觉亲知中不可忽视的重要环节。

近年来，法国哲学家雷卡纳蒂（François Recanati）阐发了一种作为“心理档案”（mental files）的亲知理论，不仅能够覆盖凯农、哈特和佩里等学者的观念，在一定程度上解释了“非推论亲知”背后的“第一手性”机制（尽管雷卡纳蒂自己并未意识到这一点），更为难能可贵的是，其理论有助于揭示感觉亲知与其他知识（尤其是摹状知识）的关联。因此，笔者认为“心理档案”理论不失为探寻亲知运用的一个范本。

在介绍“心理档案”前，笔者想先强调为什么“file”应译为“档案”而非“文件”或“文档”。日常语境下，我们更倾向于采用后两种翻译方式。尤其是电脑 Windows 操作系统中，“file”的对应翻译就是“文件”，计算机专用词汇“文件传输协议”（file protocol）便是一例。

笔者建议将“file”译为“档案”的理由有二：其一，雷卡纳蒂

---

① Dale Cannon, “An Existential Theory of Truth,” in *HTS Theological Studies*, Vol. 49, No. 4, 1993, p. 780.

② H. L. A. Hart, “I: by H. L. A. Hart. Symposium: Is There Knowledge by Acquaintance?” *Proceedings of the Aristotelian Society*, Supplementary Volums, Vol. 23, 1949, p. 86.

③ John Perry, *Knowledge, Possibility and Consciousness*, Cambridge, Mass. Massachusetts Institute of Technology Press, 2001, p. 48.

笔下的“mental file”往往是非语言和非概念的，需要通过感觉、因果链条或是指示词来加以呈现，与存储文字为主的“文件/文档”并不匹配；其二，十余年的往复论辩中，雷卡纳蒂的不少学术同道也在“档案”意义上使用“file”，彼此之间形成了一定的语用共识，比如克里敏思（Mark Crimmins）就借用了美国联邦调查局探员查阅档案[①]的情形来界定“file”一词。从上述两个角度看，将“file”译为“档案”更能凸显雷卡纳蒂的用意。事实上，雷卡纳蒂在2013年专门提及了“摹状档案”（descriptive file）[②]，以与“mental file”相区别，这也在一定程度上证明了“file”不可译为“文件/文档”，否则“摹状档案”的概念就没有提出的必要了。

雷卡纳蒂认为，当认知者在感觉层面亲知了对象，他便会生成“心理档案”，以标记其所获得的“认知增益”（epistemically rewarding）关系。所谓认知增益关系，是指认知者借助感觉亲知而提升了自身的认知状态，在获取关涉对象的感觉信息的同时，将该信息固定于心智之中。

雷卡纳蒂断言，“心理档案”所提供的认知增益关系决定了认知对象。[③] 为了论证这一观点，我们不妨重提唐奈兰“喝马蒂尼的男人”的案例。A觉得手持马蒂尼酒杯的B很有趣，便问C：“那位喝马蒂尼的男人是谁?”然而事实上，B并没有在喝马蒂尼，马蒂尼杯中所盛液体实际上是纯水。尽管如此，这并不妨碍C理解A的话语含义，进而将B的名字告知于A。从语义的角度看，在场三人中，没有一位人士满足“喝马蒂尼的男人”这句断言的成真条件，然而

① Mark Crimmins, *Talk about Belief*, Cambridge, Mass.: Massachusetts Institute of Technology Press, 1992, pp. 87–88.

② François Recanati, "Mental Files: Replies to My Critics," *Disputatio*, Vol. 5, No. 36, 2013, p. 212; and François Recanati, "Replies," *Inquiry: An Interdisciplinary Journal of Philosophy*, Vol. 58, No. 4, 2015, p. 416.

③ François Recanati, *Mental Files Flux*, Oxford: Oxford University Press, 2016, p. VII.

C 却依然能够理解 A 话语中的真正含义，这就充分说明了决定认知对象的内容往往不是命题、语言或摹状语句所要求的“满足”，而是标记了认知者与认知对象所处认知增益关系的“心理档案”。这便是雷卡纳蒂著名的口号——认知对象“由关系决定，而非由满足决定”①。从这个意义上看，“心理档案”理论与笔者在第五和第六章提及的感觉亲知理论是内在一致的：认知者的现实参与行动，对于“心理档案”的形成和认知意义的归属至关重要。

“心理档案”的生成过程是什么样的呢？当认知者与认知对象形成认知增益关系，前者便能在后者身上获得一个带有指示成分的“临时档案”。认知者转换视角，与新的对象形成新的认知增益关系之后，老的“临时档案”便随之消失，转而成为记忆之中的、带有指示意味的“记忆指示档案”。需要说明的是，虽然“档案本身”消失了，但是“档案信息”② 并不会这么快丢失，而是被转换成了其他新的档案形式（“记忆指示档案”），为认知者所持有。

由于人的记忆可能会淡忘，“记忆指示档案”也面临着消失的危险。倘若认知者此时多次激活这份档案，比如不断地接触与旧有档案相似的语境和对象，不断回忆档案，那么认知者就会形成对档案的“熟悉性”（familiarity）③，于是，“记忆指示档案”就正式演变成了“识别档案”（recognitional file）④，也即一旦认知对象再次出

---

① François Recanati, *Mental Files*, Oxford: Oxford University Press, 2012, p. 167.

② 这也是为什么雷卡纳蒂建议使用“容器”（containers）而非“信息单元的集合”（collections of information units）。因为前者更多地与那些具体的认知殊相相关，而并非总是关联着抽象的概念系统。

③ François Recanati, “Indexical Concepts and Compositionality,” in Manuel Garcia-Carpintero, Josep Macia eds., *Two-Dimensional Semantics*, Oxford: Oxford University Press, 2006, p. 251.

④ 笔者认为，“识别档案”类似于加奎多（Marcus Giaquinto）在解释罗素亲知共相时所使用的“知觉范畴获得”（perceptual category acquisition）概念。具体可见：Marcus Giaquinto, “Russell on Knowledge of Universals by Acquaintance,” *Philosophy*, Vol. 87, No. 4, 2012, p. 507.

现，认知者便能迅速地调取“心理档案”，查阅档案中的信息，以更好地与对象形成认知增益关系。

在漫长的成长过程中，认知者心中积攒了无数“心理档案”。当档案与档案之间没有关系时，两份档案内的信息是彼此绝缘的。相反，一旦档案间产生联结（linking），那么档案信息就会在档案间自由流动。例如，古巴比伦人不知道启明星和长庚星所指涉的都是金星，所以对于古巴比伦的某位观星爱好者来说，长庚星与启明星分别对应着他心中不同的“心理档案”，也即长庚星是他在黄昏时看到的最亮的星星，启明星则是他在黎明时所见的最亮的星星。假设这位古巴比伦天文爱好者突然穿越到当今，他用天文望远镜明确地知道了启明星和长庚星都是指金星，于是以往不同的两份“心理档案”内部的信息开始流动、整合，在形成新档案的同时，无用的老档案也随之被销毁了。认知者持续亲知事物，就是不断形成、激活、利用、整合与销毁档案的过程，雷卡纳蒂将上述过程命名为档案的动态变化。

有了“心理档案”的思想资源，我们就能更好地理解“非推论亲知”背后的“第一手性”原理。请让我们回想麦克道的北美红雀案例：当鸟类专家看到一只鸟飞过眼前时，他以直接的、非推论的方式辨识出这是一只北美红雀。专家之所以能做到这点，是因为在日积月累的观察和研究过程中，专家已经在其经验系统中存积了大量与北美红雀相关的第一手的“心理档案”。当新的认知对象进入视野，专家的心灵积极地调动各类“心理档案”，尤其是在“记忆档案”和“识别档案”的帮助下，迅速地匹配视觉经验中的事物，激活档案与档案之间的信息，进而非推论地获知“这是一只北美红雀”。相反，普通人持有的第一手“心理档案”较少，档案间的关联也不紧密，因而只能非推论地得到“这是一只鸟”的宽泛结论。

如果说，麦克道的最小经验论与富莫顿的非推论辩护使感觉亲知得以逃脱“所与神话”批判，史密斯的“现实性”条件和“可能世界”论证将感觉亲知牢牢地与真值承载者、认知对象及其因果语境绑定在一起，那么雷卡纳蒂的贡献在于：一方面，描绘了感觉亲知的生成和演变，揭示亲知“非推论性”背后的“第一手性”；另一方面（也是笔者接下来要论述的），运用“心理档案”的隐喻，他清晰地界定了感觉亲知与摹状知识（命题知识）之间的关系，而这恰恰被许多亲知论者忽视了。

二　感觉亲知与命题知识

此前提到，罗素将亲知视为语义学基础，如果一个命题是可以理解的，那么该命题中的每个成分都必须曾经被我们亲知到。可是事实上，许多专名是我们无法亲知的。罗素曾举过“俾斯麦是一位精明的外交官”的例子。身处 21 世纪的我们自然无法亲知 19 世纪的俾斯麦，更无法对其形成单称思想，这是否就意味着我们无法理解“俾斯麦是一位精明的外交官”这一命题了呢？

并非如此，罗素在《由亲知而来的知识与由摹状而来的知识》中提到，在做出与俾斯麦相关的判断时，我们总是“希望拥有”（wishes to have）① 那种贴合俾斯麦本身的判断，最好这种判断的精准度与俾斯麦本人所作出的一致。但受制于历史事实的缘故，我们无法实现这点，因而只能用命题这类摹状表达的方式来寻求替代性理解。比如，我们可以借助“德意志帝国的首任总理”的摹状语句，将其拆解为“德意志帝国”“首任”“总理”等词项。尽管“俾斯麦”无法亲知，但是“德意志帝国”“首任”“总理”这些词项总能够逐一被我们的各类亲知经验填满。假使依然存在着无法亲知的专名，那就继续寻求替代和拆解，直到我们能够理解该摹状表达为止。

罗素的处理方式是可行的。的确，只要能够寻求替代性成分，我们也可以在没有亲知某个专名的情况下，流畅地使用与该专名有关的摹状语句。事实上，这也正是命题知识的优势之处——

① Bertrand Russell, "Knowledge by Acquaintance and Knowledge by Description," *Proceedings of the Aristotelian Society*, Vol. 11, 1911, p. 114.

> 它能够使我们超越个人经验的局限……我们还是可以凭借着描述对所谓经验过的事物具有知识。鉴于我们的直接经验范围极为狭隘，这个结果就非常之重要了。[①]

一味地排除摹状档案，无疑低估了人类语言对思维的潜在影响。尽管我们总是希望专名能够被亲知填充，但如果借助摹状表达也能勾勒或还原出事实，那倒也不失为一种途径。

不过，雷卡纳蒂亦强调，这种通过摹状语句来理解专名的行动始终是“偶然地”（happens to）[②]，其确定性并不如亲知来得可靠。二十年后，雷卡纳蒂进一步完善了这一想法。为“心理档案”提出了两个严格条件：

> 1. 当认知主体不能持有、运用指涉事物 a 的心理档案，那么该认知主体就不能形成一个关于事物 a 的单称思想；
>
> 2. 为了拥有与运用指涉事物 a 的心理档案，认知主体必须与对象 a 处于某种亲知关系之中。[③]

第一个条件是指关涉事物的单称思想依赖于认知者的“心理档案”，第二个条件说明了“心理档案”与认知对象之间处于亲知的增益关系之中。雷卡纳蒂指出，尽管根据这两个条件，我们能够合理地推断出：没有亲知便没有单称思想。然而这似乎有些过于苛刻，更无助于帮助我们理解“俾斯麦”这类与历史人物相关的单称思想。

因此，我们只能走一条妥协的路：一方面，倘若上述两个条件均能满足，那我们便是在严格意义上“合规”（de jure）地亲知了某

---

① Bertrand Russell, *The Problems of Philosophy*, New York; Oxford: Oxford University Press, 1912 (1997), p. 45.

② François Recanati, *Direct Reference: From Language to Thought*, Oxford: Blackwell Publishers, 1993, p. 179.

③ François Recanati, *Mental Files*, Oxford: Oxford University Press, 2012, p. 155.

个专名，此时认知者形成的“心理档案”体验是完美的；另一方面，仅有条件一而无条件二，“心理档案”也可以得到激活和使用，只不过此时认知者是在“实际”（de facto）层面上借助语言工具去理解单称思想。

当“心理档案”满足“实际条件”（de facto conditions），仅在语言层面打开一个档案，并将该档案与其他档案进行关联，此时，档案所指涉的对象以及该份档案与其他档案之间的关联，始终是通过认知者的语言系统而“预先被决定的”（determined in advanced）。不过，此类预先决定关系并不是任意的，不是说认知者拥有语言系统后就能自由地思考单称词项抑或创建心理档案。近年来，耶森（Robin Jeshion）在不少文献中指出，在缺乏亲知时，认知者所创建的“心理档案”必须受制于（关联于）认知者的“兴趣、目标、知识、情感状态”①。也就是说，这份心理档案必须对认知者有着认知意义，他才可以在没有亲知的时候，也能在一定程度上构建“心理档案”——一种“临时地指向”（temporally oriented）外在对象的“心理档案”。此时，认知者虽能打开“心理档案”，但他所使用的往往是“心理档案”中的“信息内容”，而并不是“心理档案本身”。就运作方式而言，也并非档案的正常使用，而是派生性地、功能性地使用，因为“合规的”、严格的“心理档案”必然发生于亲知关系里。在认知者与认知对象之间没有产生认知增益关系之前，这份与单称思想相关的“心理档案”只能在希望、期待或是想象意义上得以实现。

雷卡纳蒂“心理档案”理论很好地说明了：与亲知交互协调时，命题知识也必须在一定程度上遵守感觉亲知的限制，无法像逻辑演绎或数学运算那般自由地进行推论。在论述具体知识和抽象知识时，

① Robin Jeshion, “Singular Thought: Acquaintance, Semantic Instrumentalism, and Cognitivism,” in Robin Jeshion ed., *New Essays on Singular Thought*, Oxford: Oxford University Press, 2010, p. 126.

金岳霖亦给出了相仿的结论。他指出，在缺乏亲知的情况下，我们虽然能够理解命题，却很容易陷入一种“抽象的懂”，使知识变得干燥而无生气。亲知则是帮助认知者摆脱僵硬状态的药方：

> 要求具体的东西去帮助我们底（引者注：民国时期学者惯用“底”来表示结构助词“的”）懂，具体的东西底重要可以想见。这要求实在是要在了解中加入亲切成分、完整成分。亲切成分非常之重要。具体的东西非亲知不可，要亲切地认识，非得要直接地接近具体的东西不可。①

可以看到，感觉亲知与命题知识尽管都具有独立的知识品格，但在具体的运用中却呈现出一种彼此交织、互助补短的状态。感觉亲知为命题理解注入了鲜活的材料，命题知识又拓展了感觉的领地，以使认知者在缺乏增益关系时亦能形成替代性的命题理解。当然，通过感觉亲知与命题知识的交互运作，我们也能明显地感受到一个层级结构，也即感觉亲知可以为命题知识提供说明，但是反过来看，命题知识却只能为感觉亲知带来一种有待填补的“临时性档案”。此类不对称的关系说明了感觉亲知比命题知识更为基础。

三　感觉亲知与能力知识

感觉亲知与能力有相似之处，它们都不具备严格意义上的命题判断形式，但这并不意味着两者位处平级关系。在笔者看来，能力知识必须依托感觉亲知才能有效实现。为了更好地说明论点，笔者拟引入杰克逊的“黑白玛丽”思想实验，论述其中两种竞争假说“能力假说”和“亲知假说”，并试图证明后者的优先性。

杰克逊早年为了论证物理主义视角下的知识是不完备的，专门设计了“黑白玛丽”的思想实验，以证明物理主义者遗漏了感受性

① 金岳霖：《知识论》，中国人民大学出版社2010年版，第173页。

质（qualia）：

> 玛丽是一位接触的科学家，不知何故，她不得不在黑白的房间借助黑白监视器去研究世界。她精通关于视觉的神经生理学，而且我们不妨假定，当我们看到熟透的西红柿或天空，使用“红”或“蓝”等术语时，她得到了关于所发生的、应知的一切物理信息……当玛丽被从黑白房间中放出来，或者被给予了一台彩色电视监视器，那么会发生什么呢？她学到了什么东西没有？似乎很明显，关于世界，关于我们对它的视觉经验，她将学到某种东西。①

玛丽习得了什么？最直观的答案莫过于玛丽亲知到了具体的红色。这也是“亲知假说?”（acquaintance hypothesis）提出的初衷。丘奇兰德提出，存在着两种知道事实的方式：（1）“知道”针对的对象是句法、命题。因而其对应的事实类似于课本之中的知识；（2）“知道”是拥有一种感觉变量的前语言的（prelinguistic）或者代语言的（sublinguistic）的亲知②，大脑可以不局限于简单的语句存储，而是采用多种模式和表征媒介去描述感受性质。所以争议之处不在于大脑状态和意识感受到底是什么，而是知道它们的方式。③ 类似地，比格洛与帕吉特也用“亲知关系”（acquaintance relations）来刻画感受性质。认知者、属性与关系等因素始终处于一个特定的结构之中，认

---

① Frank C. Jackson, “Epiphenomenal Qualia,” *Philosophical Quarterly*, Vol. 32, 1982, pp. 127–36. 需要声明的是，笔者此处并不想论证物理主义或反物理主义孰优孰劣，而仅是想通过分析感受性质论题下的亲知进路，来论证亲知与能力知识之间的关系。

② Paul M. Churchland, “Reduction, Qualia, and the Direct Introspection of Brain States,” *The Journal of Philosophy*, Vol. 82, No. 1, 1985, p. 23.

③ Paul M. Churchland, “Knowing Qualia: A Reply to Jackson (with Postscript: 1997),” in Peter Ludlow, Yujin Nagasawa, Daniel Stoljar eds., *There's Something About Mary: Essays on Phenomenal Consciousness and Frank Jackson's Knowledge Argument*, Cambrige, Mass: Massachusetts Institute of Technology Press, 2004, pp. 163, 169.

知者可以对相同结构形成不同的认知关系，这种关系可以实现于间接的、因果的层面，也可以实现于亲密的、直接感知层面。因此，亲知与摹状知识的区别不在于结构或真值条件，而是呈现模式上。

“能力假说”（ability hypothesis）是“亲知假说”的竞争理论之一。能力假说者认为，玛丽在踏出黑白屋的那一刻，所获得的是相应的能力。在此立场下，尼米罗将色彩体验的知识刻画为拥有一种如何将颜色“可视化”（visualized）① 的能力。走出黑白屋的玛丽看到了红色，便知晓了如何运用自己的记忆和想象能力，将红色体验呈现出来。不过尼米罗的能力假说似乎无法应对亲知假说者柯内的“玛莎案例”反驳。

> 玛莎是一位出色的颜色篡改者（color interpolator）。她非常擅长借助于曾体验到的两种色彩，将该两色的中间色调以视觉化的方式构想出来。玛莎虽然对樱桃红一无所知，却很了解勃艮第红（一种深紫红）与消防车红。设想，玛莎被告知樱桃红的色度正好坐落于勃艮第红与消防车红之间。②

柯内提醒我们注意，在借用想象力篡改勃艮第红和消防车红前的那一瞬间，玛莎已经满足了尼米罗“如何将颜色可视化”的条件：首先，玛莎已被明确告知樱桃红介于勃艮第红和消防车红之间，她知道了如何将樱桃红视觉化出来的方法；其次，她拥有勃艮第红和消防车红的色彩体验，因此具备了将樱桃红视觉化出来的条件；最后，她也充足地做好了调用自身想象能力的准备。基于上述三点，在玛莎动用想象力之前的瞬间，她就知道如何将樱桃红可视化出来了。但是很明显，只要玛莎的想象力没有完全实现出来，她便不可

① Laurence Nemirow, “Review of Mortal Questions,” *Philosophical Review*, Vol. 89, 1980, pp. 473 – 477.

② Earl Conee, “Phenomenal Knowledge,” *Australasian Journal of Philosophy*, Vol. 72, No. 2, 1994, p. 138.

能形成樱桃红的色彩体验，因此“知道如何将该颜色可视化出来”对于“知道某种颜色是什么样”而言并不充分。

不过，能力主义者亦认为，尼米罗并没有穷尽能力假说的所有情形，也没能具体描述能力究竟为何，所以柯内的“玛莎案例”虽然可以用于指责尼米罗，却无法彻底驳倒能力假设。相较尼米罗，刘易斯提出了一种更为精致的能力假说，他认为：“知道经验是什么样的”是持有记忆、想象与辨识的能力。① 如果我们采取刘易斯的定义方式，感受性质是否就能得到良好的说明了呢？

柯内引导我们继续设想黑白玛丽的思想实验。科学家玛丽自幼待在黑白屋中，学习了关于色彩所有的知识，不同的是，玛丽没有可视化想象（visual imagination）的能力。当玛丽被释放出黑白屋，并看见一枚红色的熟番茄时，她会兴奋地惊呼“哎呀！”可是尽管如此，玛丽也不能想象、记忆和辨识任何经验，因为根据思想实验的前提，她没有可视化想象的能力。因此，对于“知道经验是什么样”而言，“知道如何去可视化想象该经验”而言也并不是必要的。柯内指出，对于知道经验是什么样而言，重要的是“注意”（notice）的行动，相反，记忆与想象则是不必要的。套用在亲知的语境里，亲知到某一色彩体验并不预设记忆、想象和辨识的能力。

如果说柯内做了一个极端的推论，完全剥夺了玛丽的记忆、辨识与想象的能力，那么泰伊（Michael Tye）则通过诉诸“知觉丰富性”论证了一个相类似的结论。② 玛丽看到红番茄时，她真真实实地感受到了番茄上的红色色度，我们姑且将其定义为红色$_{17}$。但是，玛丽却无法准确地在未来记忆、想象与辨识这个特定的色度，因为

① David Lewis, “What Experience Teachers,” in Peter Ludlow, Yujin Nagasawa, Daniel Stoljar, eds. , *There's Something About Mary*: *Essays on Phenomenal Consciousness and Frank Jackson's Knowledge Argument*, Cambrideg, Mass: Massachusetts Institute of Technology Press, 1983 (2004), p. 99.

② Michael Tye, *Consciousness*, *Color*, *and Content*, Cambridge, Mass. : Massachusetts Institute of Technology Press, 2000, pp. 11 – 13.

玛丽很可能无法将该色度从其他相邻红色色度（比如红色$_{16}$与红色$_{18}$）中区分出来。但即使如此，这也不妨碍玛丽在被释放出黑白屋的那一瞬间拥有了红色的色彩体验，知晓了红色究竟是什么样的，因而能力对于亲知而言并不必要。

需要留意的是，柯内与泰伊并不是完全否认了想象、记忆与辨识能力的重要性。柯内坦言，在持续认知（continuing to know）的过程中，这些能力依然是重要的，只不过在最极端的意义上，亲知是可以不预设上述能力的，亲知本身有其独立且独特的作用，持有亲知经验本身就已经是一项认知成就了。

当然，笔者亦须坦白，此处论及的能力知识是非常狭窄的，仅涉及我们使用感觉经验的能力。受限于篇幅与学识上，笔者无法在此处谈论更为广阔的能力知识上，比如行动与实践等。然而笔者想强调的是，如果在感觉这类最小意义上的能力知识，都必须预设亲知的话，那么涉及复杂身体运作与训练的行动或实践能力，自然也得依靠亲知才能得到说明了。

四 整体论视角下的亲知

通过上述分析，笔者介绍了感觉亲知之于命题知识和能力知识的优先性，我们甚至可以说命题知识和能力知识均是“由亲知而来的知识”①，因为如果没有感觉亲知带来的认知增益关系，认知者无法形成任何与对象有关的命题或能力。然而人类知识不可能只停留在感觉亲知的层面。感觉、命题和能力交织于一起才能构筑人类的知识大厦。近年来，郁振华在多处文献中提及了“厚实的认识论”（thick epistemology）的主张。在系列文本中，他有效地批评了知识论的“命题

① 布罗德和费格尔亦认可此观点，尤其是费格尔，他明确地表示：“由亲知而来的知识是命题性的。”具体可见：Herbert Feigl, *The "Mental" and the "Physical": The Essay and a Postscript*, Minneapolis: University of Minnesota Press, 1967 (1958), p. 37; and C. D. Broad, "IV: by C. D. Broad: Is There 'Knowledge by Acquaintance'?" *Proceedings of the Aristotelian Society*, Supplementary Volumes, Vol. 2, 1919, pp. 206 – 220.

导向偏见”，证成了能力之知与亲知的合法性，进而提出了“知识的整体论视角”：

> 亲知是感知系统的功能，能力之知是行动系统的功能，命题性知识是语言—概念系统的功能，因此，三大系统的交织缠绕，在知识层面上，就体现为亲知与能力之知和命题性知识的交织缠绕。交织缠绕的意象，要求我们对三大系统采取一种整体论的视角。因为一旦将它们相互割裂，就会产生理论上的困难。[①]

郁振华的观点为讨论指明了方向。那么感觉亲知该如何关联命题知识与能力知识呢？笔者认为，我们可以从“对内”和“对外”两个视角加以考察。

就认知者自身而言，首先，亲知帮助认知者构筑了专属于自己的“认知家园”（cognitive home）[②]。“认知家园”的概念取自富莫顿，这么称呼亲知是因为：一方面，亲知将外在对象纳入认知视野之中，使对象产生了认知意义，从而能在后续的认知过程中为命题知识或能力知识服务；另一方面，当感觉亲知促成了非推论辩护，认知者便获得了一定程度的“认知保证”，认知或概念的无限后退也随即打住。尽管当代亲知论者承认亲知的非推论辩护是可错的，不过这对于认知者的初步认识活动而言已经足够，不会陷入彻底怀疑论而裹足不前。此外，非推论辩护的可错性还说明了认知者在后续的认识活动中，须通过进一步习得感觉亲知、命题知识和能力知识，从而完善自己的经验系统，以使“认知家园”能够尽可能地趋向于无瑕。

---

① 郁振华：《当代英美认识论的困境及出路——基于默会知识维度》，《中国社会科学》2018 年第 7 期，第 39 页。

② Richard Fumerton, “Luminous Enough for a Cognitive Home,” *Philosophical Studies*, Vol. 142, 2009, pp. 67 – 76.

其次，感觉亲知保持了认知经验的鲜活。金岳霖笔下的“亲切”，或芬德雷（J. N. Findlay）口中的“生动地实现”（realizing vividly）①，都旨在论证唯有亲知到具体事物，才能使认知者形成综合、整体和完整的经验，更好地为认知者的未来生活所用。与此同时，为了防止具体经验褪色，认知者也需要于后续的认知活动中，不断地在命题或能力层面回顾、想象与辨识既有的亲知经验，一遍又一遍地激活“心理档案”，保证感觉亲知经验处于随时可调取的状态。借用格热赞科斯基（Alex Grzankowski）与泰伊的说法，能力维持（sustain）② 了亲知。

最后，格罗特、赫尔姆霍斯、费格尔、雷卡纳蒂和菲尔斯（Evan Fales）等学者指出，“熟悉性”是感觉亲知的重要特征，它能够帮助认知者以“熟悉的感觉”（a feeling of familiarity）③ 的直接形式，迅速地、非推论地关联或识别经验中存储的事物特征或规律，且不需要有意识地调取或回忆以往经历。在高效处理和利用信息的过程中，认知者在一定程度上得以摆脱认知冗余，获得了一种全局式的、格式塔式的整体经验。金岳霖的“顿现”概念、费格尔的“豁然贯通”（click readily）④ 概念，均指涉亲知这一功能。由是可见，感觉亲知虽然对认知辩护有所助益，但是其更广阔的应用领域是在“发现语境”（context of discovery）⑤ 之中，认

---

① J. N. Findlay, “III: by J. N. Findlay: Is There Knowledge by Acquaintance?” *Proceedings of the Aristotelian Society*, Vol. 23, Supplementary Volume, 1949, p. 127.

② Alex Grzankowski and Michael Tye, “What Acquaintance Teaches,” in Jonathan Knowles, Thomas Raleigh eds., *Acquaintance: New Essays*, Oxford: Oxford University Press, 2020, p. 91.

③ Evan Fales, *A Defense of the Given*, Lanham, MD.: Rowman & Littlefield Publishers, 1996, p. 99.

④ Herbert Feigl, *The “Mental” and The “Physical,”* Minneapolis: University of Minnesota Press, 1967 (1958), p. 67.

⑤ Herbert Feigl, *The “Mental” and The “Physical,”* Minneapolis: University of Minnesota Press, 1967 (1958), p. 67.

知者基于自身的经验堡垒，不断地透过感觉亲知而扩展自己的认知领地，综合以往形成的命题知识和能力知识，发现各类事物的新知识。

当认知活动的视角指向外在事物时，感觉亲知、命题知识与能力知识的共生关系体现在如下三个方面：第一，感觉亲知能够锐化认知者的感觉系统，识别出常人所无法发觉的细节。正如前文中曾提及的鸟类专家观鸟、品酒师鉴酒等案例，同样是借用非推论辩护，由于专家和品酒师所持有的认知资源（感觉亲知、命题和能力）优于普通人，因而其获得的命题结论也会更为精准且更贴合外部实在。当然了，敏锐的非推论知识源于认知者长期的训练，命题知识与能力知识交织其间。为了学习射箭，古人纪昌求学于名师飞卫，飞卫在给予纪昌命题知识的同时，还专门花了两年让纪昌学习不眨眼（不瞬）、三年让他训练认知凸显（视小如大，视微如著），如是才成就了纪昌一身善射的本事。感觉亲知为认知者带来了更为精准的命题知识和能力知识，相反，命题与能力的辅助训练也会反作用于感觉亲知，以帮助认知者更好地形成亲知。

第二，感觉亲知为认知者赋予了实在感。前面提到，雷卡纳蒂告诉我们，在缺乏亲知的情况下，认知者只能在派生的、临时的、功能的层面上使用“心理档案”。认知者总是希望此类非正式使用的档案能在未来某一天被亲知的增益关系所填满，形成“稳定档案”（stable files）。可见，感觉亲知是赋予认知者实在感的源泉。当认知者亲知了认知对象，他便与对象之间形成了“现实性”的认知增益关系，认知者得以不断地围绕此对象，在命题或能力层面展开认识、交流和检验[1]，于亲身参与之中“深入融合实在本身”[2]，确保自己的认知尽可能不产生偏离。

---

① 冯契：《认识世界和认识自己》，上海人民出版社1996年版，第117—120页。

② Dale Cannon, “An Existential Theory of Truth,” *HTS Theological Studies*, Vol. 49, No. 4, 1993, p. 780.

第三，认知实践对象既可以是具体事物，也可以是人类共同体中的成员。感觉亲知指向事物时，认知者获得了事实性的命题或能力知识；当认知者的认知对象从“物”变成“人”，感觉亲知也就与人类的道德属性挂钩了。近年来，斯洛特（Michael Slote）逐渐意识到，道德层面的感觉亲知体现于人的移情（empathy）之中①，也即“感他人之所感”的能力。一位真正具有移情关怀之心的人，当其看到他人正在遭受着痛苦，移情者不仅会移情于痛苦者的感受，还会对产生痛苦感受的根源——斯洛特将之称为移情的意向对象（intentional object）——有所觉察。正是由于移情亲知（empathic acquaintance）蕴含着“他人感受”与“意向对象”这两个方面，才使得亲知体验能在一定程度上促成道德动机的形成，激发随后的道德行动。举例而言，父亲被其女儿的集邮（stamp collecting）热情所感染，他在移情于女儿开心愉悦的同时，亦会对集邮这件事情本身有所领会，并予以积极态度②，仿佛花心思集邮既是女儿的期盼，也是自己的乐事。不过，未经雕琢或充分发展（fully developed）的移情带有偏好属性，所以为了保证移情和亲知不被滥用（比如爱子心切的母亲可能会过分移情或亲知于孩子吃甜食的渴望，从而满足孩子的不当需求），命题知识与能力知识必须相伴左右，以及时校准道德主体的行动，避免感觉亲知被盲目地遮蔽，或是受到偏见的影响。感觉亲知、命题知识和能力知识交织于一道才可形成“整全移情”（full empathy），以真正地落实道德实践，最终实现“幸福”（eudaimonia）。

---

① Michael Slote, "The Many Faces of Empathy," *Philosophia: Philosophical Quarterly of Israel*, Vol. 45, No. 3, 2017, p. 848. Michael Slote, "Yin-Yang and the Heart-Mind," *Dao: A Journal of Comparative Philosophy*, Vol. 17, No. 1, 2018, p. 8. Michael Slote, *Between Psychology and Philosophy: East-West Themes and Beyond*, Switzerland: Palgrave Macmillan, 2020, p. 16, p. 17, p. 70. ［美］斯洛特：《世界哲学：冯契与超越》，章含舟译，《华东师范大学学报》（哲学社会科学版）2022年第5期，第1—9页。

② Michael Slote, *A Sentimentalist Theory of the Mind*, New York: Oxford University Press, 2014, p. 226.

第四节　亲知论的新框架

行文至此，笔者已经勾画了亲知理论的概念框架。亲知是直接知识，其“直接性”体现于认知者与认知对象之间的亲疏远近关系，当两者处于无间状态时，认知者便对此认知对象形成了第一手亲知。相应地，一旦认知中介隔于认知者与认知对象之间，第二手知识和多手知识就会随之出现。

不过为了防止亲知过于廉价，以致让各种杂多的、凌乱的，甚至未被觉知到的无意识经验也登入知识殿堂，我们必须适当地限制亲知。由此出发，笔者明确地给出了亲知原则：亲知是认知者基于认知目的，围绕着认知对象所蕴含的特征而形成的认知关系。

为了丰富亲知理论系统，在承认第一手性的核心地位后，我们还要关注各类知识在亲知中的表现，尤其是最具典范意义的感觉亲知。罗素过于草率地在 1921 年放弃了感觉亲知，实为可惜。经过哲学家们百余年的反复论辩，感觉亲知的地位终于在非推论辩护之中达成共识。以富莫顿为首的当代亲知论者普遍认为，亲知在如下意义上兼顾了直接性与基础性：

> 认知者非推论地辩护了信念 P，当且仅当：
> （1）他亲知了事物 P；
> （2）他亲知了思想 P；
> （3）他亲知了事物 P 与思想 P 之间的符合关系。

然而，亲知论者并未说服伯格曼、索萨、波斯顿和巴兰蒂尼。这些反对者聚焦于亲知理论的模糊暧昧之处，也即“事物 P 和命题 P 的相符关系”，纷纷提出了批评意见，企图将亲知论者重新拉入“所与神话”的巢穴之中。此外，倘若我们将可能世界语义学纳入视野，又会出现感觉亲知无法对应认知对象的情况，单一的感觉亲知似乎会像摹状知识那般匹配着不同的可能世界。

为了更好地帮助亲知逃避新型“所与神话”和“可能世界”反驳：一方面，笔者援引麦克道的最小经验论，通过精细区分“直观意向性”“识别意向性”“判断意向性”，指明非推论辩护在何种意义上能够摆脱各类“所与神话”的困扰；另一方面，笔者为亲知添加了史密斯的“现实性”限制，将感觉亲知牢牢地与认知对象锁定在一起，使感觉亲知始终锚定于认知者所处的现实世界。现在，我们可以获得一个更为精致的非推论辩护结构，得出了如下结论：

> 认知者非推论地辩护了信念P，当且仅当：
> （1）他亲知了事物P，并且——
> （1a）亲知不涉及判断意向性，
> （1b）亲知仅与直观意向性或识别意向性有关；
> （2）他亲知了思想P，并且——
> （2a）思想P是事物P的实例化，
> （2b）思想P与事物P有着现实性的关联（尽管这个关联可能会出错）；
> （3）他亲知了事物P与思想P之间的符合关系。

在证成感觉亲知之后，笔者进一步借用雷卡纳蒂的“心理档案”隐喻，论证了“非推论性”的感觉亲知是如何基于“第一手性”而产生的，并且从“第一手性”的角度，说明了感觉亲知、命题知识以及能力知识之间的关联。具体而言，感觉与命题处于互补互益的关系。一方面，感觉为命题注入了内容，使命题具有了可理解性；另一方面，命题帮助感觉走出了狭隘的个体经验。这种互惠亦出现在感觉与能力之间，能力只有基于感觉经验才能得以实现，然而感觉若想始终成为认知者的认知资源，就必须不断地接受能力的激活，在想象、记忆和确认之中，感觉亲知得以延续。

总结全书，亲知是认知者基于认知目的，围绕着认知对象所蕴含的特征而形成的认知关系。经由亲知而来的知识具有独立的知识品格，并且相较命题知识和能力知识，“非推论”的感觉亲知更具基础性。然而这并不意味着我们要割裂感觉亲知、能力和命题。亲知系统内部有着不同类型的亲知知识，感觉亲知虽为最佳典范，命题亲知和能力亲知亦是主要代表。三种亲知交织其中，以不可分离的状态服务人类。一旦割裂彼此之间的关联，或是排他性地推崇感觉亲知，便会陷入种种诘难，知识系统也会变得贫瘠而乏味。唯有以整体论的视角对待亲知，将命题与能力弥合在亲知周围，才能对人类的认识图景形成公正的理解。

参考文献

一　专著

陈嘉映:《语言哲学》，北京大学出版社 2008 年版。

丁子江:《罗素：所有哲学的哲学家》，九州出版社 2012 年版。

丁子江:《罗素与分析哲学——现代西方主导思潮的再审思》，北京大学出版社 2017 年版。

冯契:《认识世界和认识自己》，人民出版社 1996 年版。

金岳霖:《罗素哲学》，上海人民出版社 1988 年版。

金岳霖:《知识论》，中国人民大学出版社 2010 年版。

李高荣:《罗素的世界结构理论研究》，中国社会科学出版社 2016 年版。

王华平:《心灵与世界：一种知觉哲学的考察》，中国社会科学出版社 2009 年版。

郁振华:《人类知识的默会维度》，北京大学出版社 2012 年版。

二　译著

[德] 康德:《纯粹理性批判》，邓晓芒译，杨祖陶校，人民出版社 2010 年版。

[荷] 斯宾诺莎:《伦理学》，贺麟译，商务印书馆 1997 年版。

[美] 波伊曼:《知识论导论——我们能知道什么》，洪汉鼎译，中国人民大学出版社 2008 年版。

［美］布瑞·格特勒：《自我知识》，徐竹译，华夏出版社 2013 年版。

［美］塞拉斯：《经验主义与心灵哲学》，王玮译，复旦大学出版社 2017 年版。

［美］伊丽莎白·R. 埃姆斯：《罗素与其同代人的对话》，于海、黄伟力译，云南人民出版社 1993 年版。

［英］艾耶尔：《罗素：世纪的智者》，陈卫平译，允晨文化实业股份有限公司 1982 年版。

［英］赖尔：《心的概念》，刘建荣译，上海译文出版社 1988 年版。

［英］罗素：《我的哲学发展》，温锡增译，商务印书馆 1982 年版。

［英］罗素：《哲学问题（及精彩附集）》，刘福增译，心理出版社股份有限公司 1997 年版。

［英］罗素：《哲学问题》，黄凌霜译，新青年社 1920 年版。

［英］罗素：《哲学问题》，潘功展译，东方杂志社 1924 年版。

［英］罗素：《哲学问题浅说》，施友忠译，中华书局 1932 年版。

［英］罗素：《哲学中之科学方法》，王星拱译，商务印书馆 1921 年版。

［英］沃尔海姆：《艺术及其对象》，刘悦笛译，北京大学出版社 2012 年版。

［英］乌尔海姆：《艺术及其对象》，傅志强、钱岗南译，光明日报出版社 1990 年版。

经济合作与发展组织（OECD）：《以知识为基础的经济》（修订版），杨宏进、薛澜译，冯瑄校，机械工业出版社 1998 年版。

三　学位论文

章含舟：《亲知论题研究》，硕士学位论文，华东师范大学，2015 年。

四 论文

丁福宁：《罗素命题概念的形上与经验基础》，《哲学与文化》1996年第5期。

瞿世英：《罗素》，《罗素月刊》1920年第一号。

李高荣：《罗素的亲知理论解析》，《哲学评论》第18辑，中国社会科学出版社2016年版。

斯洛特：《世界哲学：冯契与超越》，章含舟译，《华东师范大学学报》（哲学社会科学版）2022年第5期。

郁振华：《当代英美认识论的困境及出路——基于默会知识维度》，《中国社会科学》2018年第7期。

郁振华：《再论亲知——从罗素到凯农》，《华东师范大学学报》（哲学社会科学版）2010年第4期。

苑莉均：《百科全书式的英国哲学家伯特兰·罗素》，《北京社会科学》1992年第3期。

张小星：《确定性与梯度——富莫尔顿亲历理论的困境》，《哲学研究》2022年第1期。

章含舟：《论图像与审美亲知的传递性——为洛佩斯一辩》，《外国美学》第36辑，江苏凤凰教育出版社2022年版。

[英] 罗素：《罗素论哲学问题（续）：五、“识知的知识”与“解释的知识”》，潘功展译，《东方杂志》1920年第17卷第22期。

[英] 罗素：《知识、错理、和近是的见解》，袁弼译，《民国日报·觉悟》1920年12月17日。

五 日语专著

A. J. エィヤー（A. J. Ayer）：《ウィトゲンシュタイン》（*Wittgenstein*），信原幸弘译，みすず書房1985年版。

B. ラッセル（B. Russell）：《新譯哲学入門》，中村秀吉譯，東京：社会思想社刊1964年版。

B. ラッセル（B. Russell）:《哲学入門》，生松敬三譯，東京：角川書店 1984 年版。

バートランド・ラッセル（Bertrand Russell）:《哲学入門》，高村夏輝譯，東京：筑摩書房 2017 年版。

六 日语论文

土屋純一,《見知りによる知識》,《金沢大学文学部論集（行動科学科篇）》1984 年第 3 卷。

大川祐矢,《単称思想と見知り》,《哲学論叢》2011 年第 38 卷。

中釜浩一,《“見知り”と“感覚データ”再考》,《哲学論叢》2013 年第 40 卷。

七 英语专著

Ayer, A. J., 1940, *The Foundations of Empirical Knowledge*, London: Macmillan.

Bergmann, Michael, 2006, *Justification without Awareness: A Defense of Epistemic Externalism*, Oxford; New York: Oxford University Press.

Bonjour, Laurence and Sosa, Ernest, 2003, *Epistemic Justification: Internalism vs Externalism, Foundations vs Virtues*, Malden, MA.: Blackwell Publishing.

Bostock, David, 2012, *Russell's Logical Atomism*, Oxford: Oxford University Press.

Budd, Malcolm, 2008, *Aesthetic Essays*, Oxford; New York: Oxford University Press.

Chalmers, David, 1995, *The Conscious Mind*, New York: Oxford University Press.

Chalmers, David, 2010, *The Character of Consciousness*, Oxford; New York: Oxford University Press.

Clark, Romane, 1969, *Bertrand Russell's Philosophy of Language*,

Hague, Netherlands: Martinus Nijhoff.

Crimmins, Mark, 1992, *Talk About Belief*, Cambridge, Mass.: Massachusetts Institute of Technology Press.

Cua, Antonio S., 1982, *The Unity of Knowledge and Action: A Study in Wang Yang - Ming's Moral Psychology*, Honolulu: The University Press of Hawaii.

Evans, J. L., 1979, *Knowledge and Infallibility*, London: Palgrave Macmillan.

Fales, Evan, 1996, *A Defense of the Given*, Lanham, Md.: Rowan & Littlefield Publishers.

Feldman, Richard, 2003, *Epistemology*, New Jersey: Prentice Hall.

Feigl, Herbert, 1967 (1958), *The "Mental" and the "Physical": The Essay and a Postscript*, Minneapolis: University of Minnesota Press.

Fumerton, Richard, 1985, *Metaphysical and Epistemological Problems of Perception*, Lincoln; London: University of Nebraska Press.

Fumerton, Richard, 1995, *Metaepistemology and Skepticism*, Lanham, Md.: Rowman & Littlefield Publishers, 1995.

Fumerton, Richard, 2006, *Epistemology*, Malden, MA.: Blackwell Publishing.

Fumerton, Richard, 2013, *Knowledge, Thought, and the Case for Dualism*, New York: Cambridge University Press.

Gertler, Brie, 2011, *Self-Knowledge*, New York: Routledge.

Grote, John, 1865 (1900), *Exploratio Philosophica*, Cambridge: Cambridge University Press.

Hobbs, Thomas, 1996, *Leviathan*, New York: Oxford University Press.

James, William, 1992, *William James Writings* (1878 - 1899) *Psychology: Briefer Course*, New York: The Library of America.

Levinson, Stephen C., 1983 (2012), *Pragmatics*, Beijing: Foreign

Language Teaching and Research Press.

McDonald, Lauchlin, 1966, *John Grote: A Critical Estimate of His Writings*, Netherlands: The Hague.

McDowell, John, 1994 (2000), *Mind and World: With a New Introduction*, Cambridge; London: Harvard University Press.

McDowell, John, 2009, *Having the World in View: Essays on Kant, Hegel, and Sellars*, Cambridge, Mass.: Harvard University Press.

McGrew, Timothy and McGrew, Lydia, 2007, *Internalism and Epistemology: The Architecture of Reason*, London; New York: Routledge.

Miah, Sajahan, 2006, *Russell's Theory of Perception: 1905 – 1919*, New York: Continuum.

Passmore, John, 1966, *A Hundred Years of Philosophy*, Harmondsworth: Peguin Books Ltd..

Pears, David F., 1967, *Bertrand Russell and the British Tradition in Philosophy*, New York: Random House.

Pears, David F., 1975, *Questions in the Philosophy of Mind*, London: Duckworth.

Perry, John, 2001, *Knowledge, Possibility and Consciousness*, Cambridge, Mass.: Massachusetts Institute of Technology Press.

Recanati, François, 1993, *Direct Reference: From Language to Thought*, Oxford: Blackwell Publishers.

Recanati, François, 2012, *Mental Files*, Oxford: Oxford University Press.

Recanati, François, 2016, *Mental Files Flux*, Oxford: Oxford University Press.

Reichenbach, Hans, 1947 (1980), *Elements of Symbolic Logic*, New York: Dover Publications, Inc.

Russell, Bertrand, 1903, *The Principles of Mathematics*, New York: W. W. Norton & Company.

Russell, Bertrand, 1912 (1997), *The Problems of Philosophy*, New York; Oxford: Oxford University Press.

Russell, Bertrand, 1913 (1992), *Theory of Knowledge: The 1913 Manuscript*, London; New York: Routledge.

Russell, Bertrand, 1914 (2009), *Our Knowledge of the External World: As a Field for Scientific Method in Philosophy*, London; New York: Routledge.

Russell, Bertrand, 1921 (2005), *The Analysis of Mind*, London: Routledge.

Bertrand Russell, 1927 (1951), *An Outline of Philosophy*, London: George Allen & Unwin Ltd..

Russell, Bertrand, 1940 (1995), *An Inquiry into Meaning and Truth*, London: Routledge.

Russell, Bertrand, 1948 (2009), *Human Knowledge*, London: George Allen & Unwin Ltd..

Russell, Bertrand, 1959, *My Philosophical Development*, New York: Simon and Schuster.

Sellars, Roy Wood, 1916, *Critical Realism: A Study of The Nature and Conditions of Knowledge*, Chicago; New York: Rand McNally.

Slote, Michael, 2020, *Between Psychology and Philosophy: East - West Themes and Beyond*, Switzerland: Palgrave Macmillan.

Smith, Barry C., 2013, *Questions of Taste: The Philosophy of Wine*, Andrews UK Limited.

Smith, David Woodruff, 1989, *The Circle of Acquaintance: Perception, Consciousness, and Empathy*, Dordrecht; Boston; London: Kluwer Academic Publishers.

Sorley, W. R., 1918, *Moral Values and the Idea of God*, Cambridge: Cambridge University Press.

Tye, Michael, 2000, *Consciousness, Color, and Content*, Cambridge,

Mass.: Massachusetts Institute of Technology Press.

Wollheim, Richard, 1980, *Art and Its Objects*, Cambridge: Cambridge University Press.

八 英语学位论文

Cobb, Ryan Daniel, 2016, *Dissolving Some Dilemmas for Acquaintance Foundationalism*, Ph. D. dissertation, University of Iowa.

Kelly, Trogdon, 2009, *Phenomenal Acquaintance*, Ph. D. Dissertation, University of Massachusetts.

九 英语论文

Abraham, Leo, 1938, "Acquaintance, Description, and Empiricism," *The Journal of Philosophy*, Vol. 35, No. 2, pp. 45 – 48.

Augustine, 2006, "The Teacher," in*Augustine: Earlier Writings*, trans. by J. H. S. Burleigh, Kentucky: Westminster John Knox Press, pp. 64 – 101.

Baldwin, Thomas, 2003, "From Knowledge by Acquaintance to Knowledge by Causation," in Nicholas Griffin ed., *The Cambridge Companion to Bertrand Russell*, New York: Cambridge University Press, pp. 420 – 449.

Nathan Ballantyne, 2012, "Acquaintance and Assurance," *Philosophical Studies*, Vol. 161, pp. 421 – 431.

Bach, Kent, 1982, "De Re Belief and Methodological Solipsism," in Andrew Woodfield ed., *Thought and Object: Essays on Intentionality*, Oxford: Clarendon Press, pp. 121 – 151.

Bar – Elli, Bilead, 1989, "Acquaintance, Knowledge and Description in Russell," *Russell: The Journal of Bertrand Russell Studies*, Vol. 9, No. 2, pp. 133 – 156.

Bar – Hillel, Yehoshua, 1954, "Indexical Expressions," *Mind*, New

Series, Vol. 63, No. 252, pp. 359 - 379.

Bergmann, Michael, 2004, "A Dilemma for Internalism," in Thomas M. Crisp, Matthew Davidson eds., *Knowledge and Reality: Essays in Honor of Alvin Plantinga*, Dordrecht, Netherlands: Springer, pp. 137 - 178.

Blackwell, Kenneth and Eames, Elizabeth Ramsden, 1975, "Russell's Unpublished Book on Theory of Knowledge," *Russell: The Journal of Bertrand Russell Studies*, Vol. 19, pp. 3 - 14.

Bigelow, John and Pargetter, Robert, 1990, "Acquaintance with Qualia," *Theoria*. Vol. 61, pp. 129 - 147.

Bigelow, John and Pargetter, Robert, 2006, "Re - Acquaintance with Qualia," *Australasian Journal of Philosophy*, Vol. 84, No. 3, pp. 335 - 378.

Bluck, R. S., 1956, "Logos and Forms in Plato: A Reply to Professor Cross," *Mind*, Vol. 65, No. 60, pp. 522 - 529.

Bluck, R. S., 1963, "'Knowledge by Acquaintance' in Plato's Theaetetus," *Mind*, New Series, Vol. 72, No. 286, pp. 259 - 263.

Brightman, Edger Sheffield, 1944, "Do We Have Knowledge - by - Acquaintance of the Self?" *The Journal of Philosophy*, Vol. 41, No. 25, pp. 694 - 696.

Broad, C. D., 1919, "IV: by C. D. Broad: Is There 'Knowledge by Acquaintance'?" *Proceedings of the Aristotelian Society*, Supplementary Volumes, Vol. 2, pp. 206 - 220.

Brokers, Audre Jean, 2000, "Semantic Empiricism and Direct Acquaintance in The Philosophy of Logical Atomism," *Russell: The Journal of Bertrand Russell Studies*, Vol. 20, No. 1, pp. 33 - 65.

Budd, Malcolm, 2003, "The Acquaintance Principle," *British Journal of Aesthetics*, Vol. 43, No. 4, pp. 386 - 392.

Cappio, James, 1981, "Russell's Philosophical Development," *Syn-*

these. Vol. 46, No. 2, pp. 185 - 205.

Cannon, Dale, 1993, "An Existential Theory of Truth," *HTS Theological Studies*, Vol. 49, No. 4, pp. 775 - 785.

Cannon, Dale, 1999 - 2000, "Some Aspects of Polanyi's Version of Realism," *Tradition and Discovery*, Volume 26, Issue 3, pp. 51 - 61.

Cannon, Dale, 2002 - 2003, "Construing Polanyi's Tacit Knowing as Knowing by Acquaintance Rather than Knowing by Representation," *Tradition and Discovery*: *The Polanyi Society Periodical*, Vol. 29, No. 2, pp. 26 - 43.

Carr, Spencer, 1987, "Spinoza's Distinction between Rational and Intuitive Knowledge," *The Philosophical Review*, Vol. 87, No. 2, pp. 241 - 252.

Davidson, Donald, 1983, "A Coherence Theory of Truth and Knowledge," in *Subjective*, *Intersubjective*, *Objective*, Oxford: Clarendon Press, pp. 137 - 153.

Descartes, Rene, 1985, "Rules for the Direction of the Mind," in John Cottingham, Robert Stoothoff, Dugald Murdoch eds., *The Philosophical Writings of Descartes* (*Volume I*), New York: Cambridge University Press, pp. 9 - 78.

DePoe, John M., 2012, "Bergmann's Dilemma and Internalism's Escape," *Acta Analytica*, Vol. 27, No. 4, pp. 409 - 423.

DePoe, John M., 2013, "Knowledge by Acquaintance and Knowledge by Description," in *The Internet Encyclopedia of Philosophy*, http://www.iep.utm.edu/knowacq/.

Chalmers, David, 2004, "The Content and Epistemology of Phenomenal Belief," in Quentin Smith, Aleksandar Jokic eds., *Consciousness*: *New Philosophical Perspectives*, Oxford; New York: Oxford University Press, pp. 220 - 272.

Chisholm, Roderick, 1942, "The Problem of Speckled Hen," *Mind*,

Vol. 51, No. 204, pp. 368 – 373.

Chisholm, Roderick, 1974, "On the Nature of Acquaintance: A Discussion of Russell's Theory of Knowledge," in George Nakhnikian ed., *Bertrand Russell's Philosophy*, New York: Barnes & Noble, pp. 47 – 56.

Church, Alonzo, 1950, "Review: Acquaintance and Description Again by Wilfrid Sellars," *The Journal of Symbolic Logic*, Vol. 15, No. 3, p. 222.

Churchland, Paul M., 1985, "Reduction, Qualia, and the Direct Introspection of Brain States," *The Journal of Philosophy*, Vol. 82, No. 1, pp. 8 – 28.

Churchland, Paul M., 2004, "Knowing Qualia: A Reply to Jackson (with Postscript: 1997)," in Peter Ludlow, Yujin Nagasawa, Daniel Stoljar eds., *There's Something About Mary: Essays on Phenomenal Consciousness and Frank Jackson's Knowledge Argument*, Cambridge, Mass.: Massachusetts Institute of Technology Press, pp. 163 – 178.

Clark, Romane, 1973, "Sensuous Judgments," *Noûs*, Vol. 7, No. 2, pp. 45 – 56.

Clark, Romane, 1981, "Acquaintance," *Synthese*, Vol. 46, No. 2, pp. 231 – 246.

Conee, Earl, 2004 (1994), "Phenomenal Knowledge," in Peter Ludlow, Yujin Nagasawa, Daniel Stoljar eds., *There's Something About Mary: Essays on Phenomenal Consciousness and Frank Jackson's Knowledge Argument*, Cambridge, Mass.: Massachusetts Institute of Technology Press, pp. 197 – 216.

Crane, Tim, 2012, "Tye on Acquaintance and The Problem of Consciousness," *Philosophy and Phenomenological Research*, Vol. 84, No. 1, pp. 190 – 198.

Duncan, Matt, 2014, "We are Acquainted with Ourselves," *Philosophical Studies*, Vol. 172, No. 9, pp. 2531 – 2549.

Edgell, Beatrice, 1918, "The Implications of Recognition," *Mind*, Vol. 27, No. 106, pp. 174 - 187.

Edgell, Beatrice, 1919, "III: By Beatrice Edgell: Is There 'Knowledge by Acquaintance'?" *Proceedings of the Aristotelian Society*, Supplementary Volumes, Vol. 2, pp. 194 - 205.

Feldman, Richard, 2004, "The Justification of Introspective Beliefs," in Richard Feldman, Earl Conee eds., *Evidentialism: Essays in Epistemology*, Oxford: Clarendon Press. pp. 199 - 219.

Findlay, J. N., 1949, "III: by J. N. Findlay: Is There Knowledge by Acquaintance?" *Proceedings of The Aristotelian Society*, Vol. 23, Supplementary Volume, pp. 111 - 128.

Føllesdal, Dagfinn, 1969, "Husserl's Notion of Noema," *The Journal of Philosophy*, Vol. 66, No. 20. pp. 680 - 687.

Fumerton, Richard, 1976, "Inferential Justification and Empiricism," *The Journal of Philosophy*, Vol. 73, No. 17, pp. 557 - 569.

Fumerton, Richard, 2001, "Brewer, Direct Realism, and Acquaintance with Acquaintance," *Philosophy and Phenomenological Research*, Vol. 63, No. 2, pp. 417 - 422.

Fumerton, Richard, 2002, "Classical Foundationalism," in Michael R. DePaul ed., *Resurrecting Old - Fashioned Foundationalism*, Lanham, Md.: Rowman & Littlefield Publishers, pp. 3 - 20.

Fumerton, Richard, 2003, "Introspection and Internalism," in Susana Nuccetelli ed., *New Essays on Semantic Externalism and Self - Knowledge*, Cambridge, Mass.: Massachusetts Institute of Technology Press.

Fumerton, Richard, 2004, "Knowledge by Acquaintance vs. Description (Spring 2007 Edition)," in Edward N. Zalta ed., *Stanford Encyclopedia of Philosophy*, https://plato.stanford.edu/archives/spr2007/entries/knowledge - acquaindescrip/.

Fumerton, Richard, 2005, "Speckled Hens and Objects of Acquaintance," *Philosophical Perspectives*, Vol. 19, pp. 121 - 138.

Fumerton, Richard, 2006, "Epistemic Internalism, Philosophical Assurance and the Skeptical Predicament," in Thomas M. Crisp, Matthew Davidson, David Vander Laan eds., *Knowledge and Reality: Essays in Honor of Alvin Plantinga*, Dordrecht, Netherlands: Springer, pp. 179 - 192.

Fumerton, Richard, 2009, "Markie, Speckles, and Classical Foundationlism," *Philosophy and Phenomenological Research*, Vol. 79, No. 1, pp. 207 - 212.

Fumerton, Richard, 2009, "Luminous Enough for a Cognitive Home," *Philosophical Studies*, Vol. 142, pp. 67 - 76.

Fumerton, Richard, 2010, "Poston on Similarity and Acquaintance," *Philosophical Studies*, Vol. 147, pp. 379 - 386.

Fumerton, Richard and Hasan, Ali, 2015, "Knowledge by Acquaintance vs. Description (Fall 2015 Edition)," in Edward N. Zalta ed., *Stanford Encyclopedia of Philosophy*, https://plato.stanford.edu/archives/fall2015/entries/knowledge - acquaindescrip/.

Fumerton, Richard and Hasan, Ali, 2019, "Knowledge by Acquaintance vs. Description (Fall 2019 Edition)," in Edward N. Zalta ed., *Stanford Encyclopedia of Philosophy*, https://plato.stanford.edu/entries/knowledge - acquaindescrip/.

Gale, Richard M, 1964, "The Egocentric Particular and Token - Reflexive Analyses of Tense," *The Philosophical Review*, Vol. 73, No. 2, pp. 213 - 228.

Giaquinto, Marcus, 2012, "Russell on Knowledge of Universals by Acquaintance," *Philosophy*, Vol. 87, Issue 4, pp. 479 - 508.

Gertler, Brie, 2012, "Renewed Acquaintance," in Declan Smithies, Daniel Stoljar eds., *Introspection and Consciousness*, Oxford: Oxford

University Press, pp. 93 – 128.

Giaquinto, Marcus, 2012, "Russell on Knowledge of Universals by Acquaintance," *Philosophy*, Vol. 87, No. 4, pp. 497 – 508.

Griffin, Nicholas, 1980, "Russell on the Nature of Logic (1903 – 1913)," *Synthese*, Vol. 45, pp. 117 – 188.

Grzankowski, Alex and Tye, Michael, 2019, "What Acquaintance Teaches," in Jonathan Knowles, Thomas Raleigh eds., *Acquaintance: New Essays*, Oxford: Oxford University Press, pp. 75 – 94.

Hasan, Ali, 2011, "Classical Foundationalism and Bergmann's Dilemma for Internalism," *Journal of Philosophy Research*, Vol. 36, Online Version: https://philpapers.org/archive/HASCFA.pdf.

Hasan, Ali, 2013, "Internalist Foundationalism and the Sellarsian Dilemma," *Res Philosophica*, Vol. 90, No. 2, pp. 171 – 184.

Hanson, Louise, 2015, "Conceptual Art and the Acquaintance Poinciple," *Journal of Aesthetics and Art Criticism*, Vol. 73, No. 3, pp. 247 – 258.

Hart, H. L. A., 1949, "I: by H. L. Hart: A. Symposium: Is There Knowledge by Acquaintance?" *Proceedings of the Aristotelian Society*, Supplementary Volumes, Vol. 23, pp. 69 – 90.

Hayner, Paul, 1969, "Knowledge by Acquaintance," *Philosophy and Phenomenological Research*, Vol. 29, pp. 423 – 431.

Hayner, Paul, 1970, "Mayers on Knowledge by Acquaintance: A Rejoinder," *Philosophy and Phenomenological Research*, Vol. 31, pp. 297 – 298.

Hellie, Benj, 2007, "Higher – Order Intentionality and Higher – Order Acquaintance," *Philosophical Studies*, Vol. 134, No. 3, pp. 289 – 324.

Helmholtz, Hermann von, 1868 (1962), "The Recent Progress of The Theory of Vision," in Morris Kline ed., *Popular Scientific Lectures*, New York: Dover Publications, pp. 93 – 185.

Hicks, G. Dawes, 1912, "The Nature of Sense - Data," *Mind*, Vol. 21, No. 83, pp. 299 -409.

Hicks, G. Dowes, 1916, "The Basis of Critical Realism," *Proceedings of the Aristotelian Society*, Vol. 17, pp. 300 -359.

Hicks, G. Dawes, 1919, "I: by G. Dawes Hicks: Is There 'Knowledge by Acquaintance'?" *Proceedings of the Aristotelian Society*, Supplementary Volumes, Vol. 2, pp. 159 -178.

Hopkins, Robert, 2006, "How to Form Aesthetic Belief: Interpreting the Acquaintance Principle," *Postgraduate Journal of Aesthetics*, Vol. 3, No. 3, pp. 85 -99.

Hughes, G. E., 1949, "II: by G. E. Hughes: Symposium: Is There Knowledge by Acquaintance?" *Proceedings of the Aristotelian Society*, Supplementary Volumes, Vol. 23, pp. 91 -110.

Jackson, Frank C., 1982, "Epiphenomenal Qualia," *Philosophical Quarterly*, Vol. 32, pp. 127 -136.

Jackson, Frank C., 1986, "What Marry Didn't Know," *Journal of Philosophy*, Vol. 83, pp. 291 -305.

Jackson, Frank C., 2004, "Mind and Illusion," in Peter Ludlow, Yujin Nagasawa, Daniel Stoljar eds., *There's Something About Mary: Essays on Phenomenal Consciousness and Frank Jackson's Knowledge Argument*, Cambridge, Mass.: Massachusetts Institute of Technology Press, pp. 421 -442.

Jackson, Frank C., 2007, "The Knowledge Argument, Diaphanousness, Representationalism," in Torin Alter, Sven Walter eds., *Phenomenal Concepts and Phenomenal Knowledge: New Essays on Consciousness and Physicalism*, New York: Oxford University Press, pp. 52 -64.

Jeshion, Robin, 2010, "Singular Thought: Acquaintance, Semantic Instrumentalism, and Cognitivism," in Robin Jeshion ed., *New Essays on Singular Thought*, Oxford: Oxford University Press, pp. 105 – 140.

Judson, Lindsay, 1988, "Russell on Memory," *Proceedings of the Aristotelian Society*, Vol. 88, pp. 65 – 82.

Kneale, W., 1934, "The Objects of Acquaintance," *Proceedings of the Aristotelian Society*, Vol. 34, pp. 187 – 210.

Konigsberg, Amir, 2012, "The Acquaintance Principle, Aesthetic Autonomy, and Aesthetic Appreciation," *British Journal of Aesthetics*, Vol. 52, No. 2, pp. 153 – 168.

Lewis, David, 2003 (1981), "What Experience Teaches," in T. O'Connor, D. Robb eds., *Philosophy of Mind: Contemporary Reading*, London; New York: Routledge, pp. 467 – 490.

Lewis, David, 1983, "Individuation by Acquaintance an by Stipulation," *The Philosophical Review*, Vol. 92, No. 1, pp. 3 – 32.

Livingston, Paisley, 2003, "On an Apparent Truism in Aesthetics," *British Journal of Aesthetics*. Vol. 43, No. 3, pp. 260 – 278.

Lopes, Dominic McIver, 2009, "Aesthetic Acquaintance," *Modern Schoolman*, Vol. 86, No. 3/4, pp. 267 – 281.

Markie, Peter, 2009, "Classical Foundationalism and Speckled Hens," *Philosophy and Phenomenological Research*, Vol. 79, No. 1, pp. 190 – 206.

Martens, David B., 2010, "Knowledge by Acquaintance/Knowledge by Description," in Jonathan Dancy, Ernest Sosa and Matthias Steup eds., *A Companion to Epistemology (2nd Edition)*, Chichester, West Sussex, U. K., Malden, MA: Wiley – Blackwell, pp. 479 – 482.

Martin, M. G. F., 2015, "Old Acquaintance: Russell, Memory and Problems with Acquaintance," *Analytic Philosophy*, Vol. 56, No. 1, pp. 1 – 44.

McDowell, John, 1998, "Putnam on Mind and Meaning," in *Meaning, Knowledge, and Reality*, Cambridge; London: Harvard University

Press, pp. 275 – 293.

Meskin, Aaron and Robson, Jon, 2015, "Taste and Acquaintance," *Journal of Aesthetics and Art Criticism*, Vol. 73, No. 2, pp. 127 – 139.

Meyers, Robert. G., 1970, "Knowledge by Acquaintance: A Reply to Hayner," *Philosophy and Phenomenological Research*, Vol. 31, pp. 293 – 296.

Milkov, Nikolay, 2001, "The History of Russell's Concepts 'Sense – Data' and 'Knowledge by Acquaintance,'" *Archiv für Begriffsgeschichte*, Vol. 43, pp. 221 – 231.

Moore, G. E., 1919, "II: By G. E. Moore: Is There 'Knowledge by Acquaintance'?" *Proceedings of the Aristotelian Society*, Supplementary Volumes, Vol. 2, p. 169 – 178.

Murry, Joseph, 1991, "Acquaintance with Logical Objects in Theory of Knowledge," *Russell: The Journal of the Bertrand Russell Archives*, Vol. 11, pp. 147 – 164.

Nagel, Thomas, 1974, "What is It Like to be a Bat," *Philosophical Review*, Vol. 83, pp. 435 – 50.

Nemirow, Laurence, 1980, "Review of *Mortal Question* by Thomas Nagel," *The Philosophy Review*, Vol. 89, No. 3, pp. 473 – 477.

Nemirow, Laurence, 1990, "Physicalism and the Cognitive Role of Acquaintance," in W. G. Lycan ed., *Mind and Cognition: A Reader*, Oxford: Blackwell, pp. 490 – 519.

Nemirow, Laurence, 2007, "So This is What It's Like Defense of the Ability Hypothesis," in Torin Alter, Sven Walter eds., *Phenomenal Concepts and Phenomenal Knowledge: New Essays on Consciousness and Physicalism*, New York: Oxford University Press, pp. 32 – 51.

Ockham, William, 1964, "On the Notion of Knowledge or Science," in *Philosophical Writings: A Selection*, trans. by Philotheus Boehner, New York: The Bobbs – Merrill Company.

Parker, DeWitt H., 1945, "Knowledge by Acquaintance," *The Philosophical Review*, Vol. 54, No. 1, pp. 1 – 18.

Pears, David F., 1974, "Russell's Theories of Memory 1912 – 1921," in George Nakhnikian ed., *Bertrand Russell's Philosophy*, New York: Barnes & Noble, pp. 117 – 138.

Pears, David F., 1981, "The Function of Acquaintance in Russell's Philosophy," *Synthese*, Vol. 46. No. 2, pp. 149 – 166.

Perkins, Ray K. Jr., 1973, "Russell on Memory," *Mind*, Vol. 82, No. 328, pp. 600 – 601.

Perkins, Ray K. Jr., 1976, "Russell's Realist Theory of Remote Memory," *Journal of the History of Philosophy*, Vol. 14, No. 3, pp. 358 – 360.

Poston, Ted, 2007, "Acquaintance and the Problem of the Speckled Hen," *Philosophical Studies*, Vol. 132, pp. 331 – 346.

Poston, Ted, 2010, "Similarity and Acquaintance: A Dilemma," *Philosophical Studies*, Vol. 147, pp. 369 – 378.

Poston, Ted, 2014, "Direct Phenomenal Beliefs, Cognitive Significance, and the Specious Present," *Philosophical Studies*, Vol. 168, pp. 483 – 489.

Price, H. H., 1941, "Reviewed Works: *The Foundations of Empirical Knowledge* by Alfred J. Ayer," *Mind*, Vol. 50, No. 199, pp. 280 – 293.

Quine, W. V., 1966 (1982), "Russell's Ontological Development," in *Theories and Things*, Cambridge, Massachusetts; London, England: The Belknap Press of Harvard University Press, pp. 73 – 85.

Raleigh, Thomas, 2020, "The Recent Renaissance of Acquaintance," in Thomas Raleigh, Jonathan Knowles eds., *Acquaintance: New Essays*, Oxford: Oxford University Press, pp. 1 – 30.

Recanati, François, 2006, "Indexical Concepts and Compositionality," in Manuel Garcia – Carpintero, Josep Macia eds., *Two – Dimensional*

Semantics, Oxford: Oxford University Press, pp. 249 - 257.

Recanati, François, 2013, "Mental Files: Replies to My Critics," *Disputatio*, Vol. 5, No. 36, pp. 207 - 242.

Recanati, François, 2015, "Replies," *Inquiry: An Interdisciplinary Journal of Philosophy*, Vol. 58, No. 4, pp. 408 - 437.

Robson, Jon, 2013, "Appreciating the Acquaintance Principle: A Reply to Konigsberg," *British Journal of Aesthetics*, Vol. 53, No. 2, pp. 237 - 245.

Russell, Bertrand, 1903, "Points about Denoting," in Alasdair Urquhart, Albert C. Lewis eds., *The Collected Papers of Bertrand Russell* 1903 - 1905, London; New York: Routledge, pp. 305 - 313.

Russell, Bertrand, 1905, "On Denoting," *Mind*, Vol. 14, No. 56, pp. 479 - 493.

Russell, Bertrand, 1911, "Knowledge by Acquaintance and Knowledge by Description," *Proceedings of the Aristotelian Society*, Vol. 11, pp. 108 - 128.

Russell, Bertrand, 1915, "Sensation and Imagination," *The Monist*, Vol. 25, No. 1, pp. 28 - 44.

Russell, Bertrand, 1915, "On The Experience of Time," *The Monist*, Vol. 25, No. 2, pp. 212 - 233.

Russell, Bertrand, 1917, "The Relation of Sense - data to Physics," in *Mysticism and Logic: And Other Essays*, London: George Allen & Unwin Ltd., pp. 145 - 179.

Russell, Bertrand, 1918 - 1919, "The Philosophy of Logical Atomism (I)," *The Monist*, Vol. 28, No. 4, pp. 495 - 527.

Russell, Bertrand, 1918 - 1919, "The Philosophy of Logical Atomism (II)," *The Monist*, Vol. 29, No. 1, pp. 32 - 63.

Russell, Bertrand, 1918 - 1919, "The Philosophy of Logical Atomism (III)," *The Monist*, Vol. 29, No. 2, pp. 190 - 222.

Russell, Bertrand, 1918 - 1919, "The Philosophy of Logical Atomism (IV)," *The Monist*, Vol. 29, No. 3, pp. 345 - 380.

Russell, Bertrand, 1919, "On Propositions: What They are and How They Mean," *Proceedings of the Aristotelian Society*, Vol. 2, pp. 1 - 43.

Russell, Bertrand, 1957, "Mr. Strawson on Referring," *Mind*, New Series, Vol. 66, No. 263, pp. 385 - 389.

Sakai, Kentaro, 2019, "Knowledge by Acquaintance: A Note on Plato's *Meno* 71 b3 - 6,"《哲學年報（九州大学学術情報リポジトリ）》, Vol. 78, pp. 1 - 6.

Sauchelli, Andrea, 2016, "The Acquaintance Principle, Aesthetic Judgments, and Conceptual Art," *The Journal of Aesthetic Education*, Vol. 50, No. 1, pp. 1 - 15.

Sellars, Wilfrid, 1949, "Acquaintance and Description Again," *The Journal of Philosophy*, Vol. 46, No. 16, pp. 496 - 504.

Sellars, Wilfrid, 1963, "Empiricism and the Philosophy of Mind," in *Science, Perception and Reality*, Ridgeview Publishing Company, pp. 127 - 197.

Sellars, Wilfrid, 1974, "Ontology and the Philosophy of Mind in Russell," in George Nakhnikian ed., *Bertrand Russell's Philosophy*, New York: Barnes & Noble, pp. 57 - 101.

Smith, David Woodruff, 1979, "The Case of the Exploding Perception," *Synthese*, Vol. 41, pp. 239 - 269.

Smith, David Woodruff, 1981, "Indexical Sense and Reference," *Synthese*, Vol. 49, pp. 101 - 127.

Smith, David Woodruff, 1982, "The Realism in Perception," *Noûs*, Vol. 16, No. 1, pp. 42 - 55.

Smith, David Woodruff, 1982, "What's the Meaning of 'This'," *Noûs*, Vol. 16, No. 2, pp. 181 - 208.

Smith, David Woodruff, 1982, "Husserl on Demonstrative Reference and Perception," in Hubert L. Dreyfus ed. , *Husserl*, *Intentionality*, *and Cognitive Science*: *Recent Studies in Phenomenology*, Cambridge, Mass. : Massachusetts Institute of Technology Press/Bradford Books, pp. 193 – 241.

Smith, David Woodruff, 1983, "Is This a Dagger I See Before Me?" *Synthese*, Vol. 54, pp. 95 – 114.

Smith, David Woodruff, 1984, "Content and Context of Perception," *Synthese*, Vol. 61, pp. 61 – 87.

Smith, David Woodruff, 1986, "The Ins and Outs of Perception," *Philosophical Studies*, Vol. 49, No. 2, pp. 187 – 211.

Smith, Nicholas D. , 1979, "Knowledge by Acquaintance and 'Knowing What' in Plato's Republic," *Dialogue*, Volume 18, Issue 03, pp. 281 – 288.

Sosa, Ernest, 2003, "Beyond Internal Foundations to External Virtues," in Laurence Bonjour, Ernest Sosa eds. , *Epistemic Justification*: *Internalism vs. Externalism*, *Foundations vs. Virtues*, Oxford: Blackwell Publishing, pp. 97 – 170.

Sosa, Ernest, 2004, "Privileged Access," in Quentin Smith, Aleksandar Jokic eds. , *Consciousness*: *New Philosophical Perspectives*, Oxford; New York: Oxford University Press, pp. 273 – 292.

Szaif, J. , 2007, "Doxa and Episteme as Modes of Acquaintance in Republic V," *Etudes Platoniciennes*, Vol. 4, pp. 253 – 72.

Taylor, Gerald, 1993, "Acquaintance, Physical Objects, and Knowledge of The Self," *Russell*: *The Journal of the Bertrand Russell Archives*, Vol. 13, pp. 168 – 184.

Todd, C. Samuel, 2004, "Quasi – Realism, Acquaintance, and the Normative Claims of Aesthetic Judgement," *British Journal of Aesthetics*, Vol. 44, No. 3, pp. 277 – 296.

Travis, Charles, 2013, "The Silences of the Senses," in *Perception*:

Essays after Frege, Oxford: Oxford Univeristy Press, pp. 23 – 58.

Tully, R. E. , 2003, "Russell's Neutral Monism," in Nicholas Griffin ed. , *The Cambridge Companion to Bertrand Russell*, New York: Cambridge University Press, pp. 332 – 371.

Urmson, J. O. , 1969, "Russell on Acquaintance with the Past," *Philosophical Review*, Vol. 78, No. 4, pp. 510 – 515.

Wahl, Russell, 1984, "Knowledge by Description," *Russell: The Journal of the Bertrand Russell Archives*, Vol. 4, Issue 2, pp. 262 – 270.

White, A. R. , 1981, "Knowledge, Acquaintance, and Awareness," *Midwest Studies in Philosophy*, Vol. 6, No. 1, pp. 159 – 172.

Williams, Christopher, 2009, "Aesthetic Judgment, Acquaintance and Testimony: A Reply to Lopes," *Modern Schoolman*, Vol. 86, No. 3 – 4, pp. 283 – 288.

索　　引

K

L

M

N

P

Q

R

S

T

W

X

Y

后记

通过毕业论文答辩的一瞬，有种如释重负的恍惚感，以为终于能睡个好觉，却不想在当晚辗转反侧，无法入眠。写一篇能够说服自己的论文，是我一直以来的要求，然而扪心自问，这篇博论还是有些言未尽意。诚如杜甫所言，文章千古事，得失寸心知，想想要以这样一份尚未雕琢完美的作品，来为我整个求学阶段画上句号，多少有些于心不安。答辩结束后的几天中，陆陆续续地受到了老师与同学们的肯定与祝福，加剧了我的惶恐。

从成稿时间来看，我已经延期一年提交论文，并且“亲知”是我硕士阶段就开启的研究，按理来说我对此论题应有着足够的信心。然而求学愈久，就愈不敢提笔，生怕丝毫的理解偏差会致使论理结果失之千里。论文进行到中后期阶段，每一章节的草拟都举步维艰。在行文过程中，即使反复核实行文思路、打磨概念边界，也难以抚平心中的不安情绪。

事实上，不知从何时起，我就被各种顾虑和忐忑所萦绕，仿佛置身于棉花堆中，又似在云端上行走，周遭充斥着不确定，难以获得实在之感。于是，我不断阅读、讨论和写作，想努力抓取一些能够给我带来些许安定的事物。遗憾的是，直至临近毕业的当前，我依然没有摆脱这份无力，只能寄希望于未来的修行了。在抗衡虚无的过程中，我有幸得到了如下师友的帮助，为此我由衷地感激他们！

感谢我的导师郁振华教授。郁老师的谦谦君子与扎实学养是我一直以来的效仿对象。聆听郁老师教诲，总是能激活我对哲学的初心，将我拽出理论迷宫，收获醍醐灌顶的澄明感。对于理论工作者而言，这种思想层面的快乐是任何事物都无法替代的珍贵礼物。与此同时，我还要感谢郁老师一直以来的栽培与提携。在平时科研生活中，郁老师给予了我极大的信任，将我纳入多项课题组。难忘2015 年的夏日，郁老师近乎是手把手地指导我收集资料、推敲义理、打磨字句，直至我走完一整套科研项目的申请流程。现在想来，我不禁感慨自己是多么地幸运！每每我取得少许进步，郁老师都会替我感到高兴，并积极地把我引荐给各路名家。在郁门求学八年，我形成了自己精神世界和研究起点。我时常忐忑，未来成为博导后，我是否也会给学生带来这般德性与智性的感染呢？希望我之后能够做到吧。

感谢 Michael Slote 教授。2018 年 1 月—2019 年 9 月间，我有幸受国家留学基金委员会资助，赴美国迈阿密大学哲学系从事联合培养研究，斯洛特先生是我的外方指导教授。访学期间，斯洛特先生与我保持每周两次，每次 40 分钟的面谈，使我收获颇丰。在对话过程中，我不仅对情感主义和关怀伦理学产生了兴趣，更为重要的是，我习得了哲学论证与概念分析的基本技能，领略了说理活动的魅力所在。没有斯洛特先生的方法论指导，我无法游刃有余地处理各种哲学思想。

感谢姜宇辉教授。姜老师性格温和，极具亲和力，能包容我没大没小的玩笑话。非常怀念与姜老师喝酒聊天的日子，思想火花灵动而率真地流淌在席间，使我受益。

感谢郁锋教授。我们喜欢称郁锋老师为“小郁”，小郁老师才思敏捷，涉猎广泛，带给了我许多启发。在博士论文撰写中期，我曾与小郁老师有过一次漫长的谈话，那次经历使我明确了论文的靶向，助我少走了弯路。

感谢童世骏教授、应奇教授、陈嘉明教授、朱菁教授。四位老师在我开题、预答辩、明审和答辩过程中，均给予了实质性的帮助和建议。

感谢刘梁剑教授、何静教授和徐竹教授。三位老师在课堂、讲座、会议或讨论班上的指点，是我形成哲学素养的必要环节。

感谢思勉人文高等研究院的各位行政人员——贾静老师、王玉琼老师、方媛老师、肖连奇老师、于明静老师、刘小雨老师。思勉高研院的建制并不大，许多繁杂的任务和压力落在了仅有的几位老师身上。记得肖老师曾说过："高研院将每一位同学都当作宝贝来对待。"此言并不夸张。行政老师们的辛勤付出与专业协助，是我顺利完成博士学位的有力应援，非常感谢你们！

感谢黄远帆师兄。学长对义理精度与文字畅晓的执着，是我所不及的。感谢方达学友。方达兄的奋进与自律，是我前行的榜样。感谢高菱师叔。高菱兄学养深厚且虚怀若谷，与其交流总是无与伦比的愉快。在迈阿密求学期间，曾频繁与高菱兄骑自行车穿梭于 Coral Gables 的大街小巷，真是值得珍藏一辈子的美好回忆。感谢卢析师兄、邓炜师兄、见雷师兄和陈海学长。我从各位师兄或学长的著述中汲取了不少养分。感谢黄家光师弟。与家光的讨论总是非常愉快。我们两人的学术立场近乎对立，却并不影响彼此间友善而又无拘无束的切磋。感谢文杰师弟和钟翠琴学友。我在美国访学期间，有大量网站建设之类的行政事务是由文杰与钟翠琴协助完成的，两位不厌其烦的态度令人感动。感谢何纪澎师弟。纪澎对周遭事物抱有天然而又纯粹的好奇心，曾一度影响了我。感谢戚智轩学友。戚智轩心态开放，求知若渴，每当我使用"认知美德"这类概念时，脑袋里总是浮现出他的身影。感谢老友何祺韡与张靖杰。前者对法国哲学的见解，后者关于中国哲学的研究，均曾给予了我极大的启发，期待未来我们能有更多的合作。

在求学期间，我曾受惠于国家留学基金委员会、华东师范大学海外研修奖学金、思勉高研院的专项科研经费、华东师范大学优秀博士论文培育、华东师范大学科研创新实践项目。这些机构、部门或项目的大力支持，为我从事科研提供了一定的物质基础。

最后，也是我最重要的，感谢我的父母！感激父母赐予我生命，感激父母三十年来无怨无悔地支持我从事任何我感兴趣的事业。当我的诸多不成熟给父母惹来麻烦时，他们亦会无条件地宽容我，替我收拾残局。在求道哲学的八年里，我取得了一些小进步，也收获了些许认可，我曾经一度以为这是我心智开窍，勤勉努力的结果。现在想来，没有父母在背后的默默付出，我根本无法坚持到现在。父母的辛苦劳作免去了我高昂的求学成本，与他们相比，我的进取心与成绩实在是微不足道。这本《论亲知——一个历史的和批判的考察》虽不完美，却是我近年来最拿得出手的思想成果，在此，我将它献给我的父亲章义和与母亲石云。

章含舟

2020 年 6 月 16 日

于上海闵行

记得 2013 年的一个秋日，我向郁老师征询硕士毕业论文的选题方向。当时我已通读了两遍郁老师的专著《人类知识的默会维度》，对“能力”、“亲知”以及“实践智慧”这三个概念较有兴趣，想挑选其中一个作为研究对象。郁老师沉思片刻后说：亲知理论有着不错的概念潜力，值得探讨和挖掘。巧的是，亲知也是我翻阅最多的一个章节，并且较为仔细地参阅过罗素的《哲学问题》《逻辑原子主义哲学》等著述。就这样，我开启了亲知论题的研究之旅，一做就是九年。

遥想硕士毕业阶段（2015 年 6 月），我在硕论《亲知论题研究》中“煞有其事”地给出了几组概念区分，然后无知地跟好友宣称自己已经“终结亲知”，并向郁老师嚷嚷着想换博士论题。现在想来，当时自己真是无知得可怕。虽然这也是人生成长的一个阶段，可每次回忆起来，总是羞愧难当，尴尬得攥拳。万幸的是，郁老师君子雅量，包容了我的草率，并不断地提醒我：“含舟，我们再想想，看看能往什么地方深挖。”郁老师的劝诫对我产生了很大影响，随着反复研读经典文本、不断补充前沿文章，我逐渐意识到硕论《亲知论题研究》只不过刚开了个头。遗憾的是，除了冒失之外，我在研究中还带有“猴子摘玉米”心态，导致攻读博士期间我虽然一直关注亲知论题、保持文献更新和阅读，却始终不愿意提笔进行系统构思。2019 年底，父母严肃地批评了我好高骛远的脾性，于是我开始定心撰写论文，将此前的笔记、片段化思考一点一滴地汇聚到博论之中，成为这本专著的雏形。

可以说，《论亲知——一个历史的和批判的考察》基本上把我硕士、博士求学，以及博士后研究期间的部分思考，较为完整地表述了出来。不过我内心深处亦知，自己远未穷尽亲知论题的可能向度。所以相较硕士毕业时的“猖狂”，在取得博士学位时，我没有一丝喜悦，心中始终沉甸甸的，甚至一度产生了“恐慌”情绪。尽管凭借着这篇博士论文，我收获了来自盲审专家、明审专家和答辩专家的不少赞誉，但诚如博论后记中所述，前辈们的肯定反而在无形之中给我增添了许多压力，因为我知道自己的斤两，离严肃的哲学沉思还有漫长的距离要走。获得国家社科基金后期资助暨优博立项后，我心中稍有一丝宽慰，但忧虑依在。看着四位评审老师的积极评价，感动之余亦心生愧疚，恐辜负专家们的期待。博士毕业后，我进入清华大学哲学系从事博士后研究，跟随万俊人教授钻研伦理学。虽然研究方向有所变动，不过我还是较为认真地延续着博论思路，写出了《论图像与审美亲知的传递性——为洛佩斯一辩》一文，发表于《外国美学》（2022 年第 36 辑），多多少少是对博论的一些拓展，亦是我对国社评审专家建议（往美学方面延伸）的一个呼应。

学习哲学以来，一路磕磕绊绊，但也逐渐管窥了些许门道。哲学家治学方式多种多样，带有特定视角、个人经历或主观体验等偶发因素，不过有意思的是，即使存在着再多偶然性，哲学家们似乎总是能形成思想交汇，必然地汇聚于一些人类亘古不变的共同关切之上。这种从偶然之中探寻必然的“脑回路”，成为我当前聊以自慰的期待——只要还在路上，或许总有一天我也能够触碰到思维的边界吧。为此，我由衷地感谢各式各样的偶然性，或者我更愿意用“机缘”一词来加以表达。正是这些缘分指引着我、塑造着我，带领我走向了必然之路。

感谢华东师范大学的郁振华教授！攻读硕、博期间，郁老师给予了我足够的尊重与提携，使我得以尽情地探索和试错。从事博士后研究以来，郁老师亦处处为我着想，一有机会便向学界引荐我。郁老师的为学为人令我敬仰，每每心气浮躁之时，我便会翻出郁老师的课程录音听个两节。于是，再难平复的情绪也能逐渐踏实安定下来。曾想拜托郁老师为我的这本认识论专著撰写序言，可无奈目前的我尚没有这份勇气与自信，总觉得论文没有达到最理想状态。请求的微信留言也是写了又删，删了又写，兜兜转转之后，最终还是作罢，不由心生怅然。

感谢清华大学的万俊人教授！万老师是我的博士后合作导师，他给我提供了极好的机会与平台，让我见识到清华园的广阔天地。每次授课结束后，弟子们会随着万老师漫步校园，在暖风吹来的柳絮和一个个烟圈之中唠着生动有趣的学术嗑——这无疑是我在北京最快乐的时光！今年6月受《哲学中国》辑刊之邀，有幸访谈万老师，聆听其治学经历和运思心得。访谈结束之后不禁由衷感慨：我如何才能像师父这般著作等身？又怎样才能对学术共同体有所增益？网络曾经用“六边形战士”来形容乒乓球手马龙在力量、速度、技巧、发球、防守和经验这六个方面近乎满分的状态。在我看来，万老师亦是学术界的“六边形战士”。高山仰止，景行行止。

感谢迈阿密大学的 Michael Slote 教授！在迈阿密求学期间，斯洛特先生每周两次、每次四十分钟的亲授使我掌握了分析哲学方法论，这份礼物让我受益至今。访学回国后，曾向老先生发出邀约，希望在中国为其举办八十大寿，老先生也欣然应允。然而未曾想新冠疫情袭来，直至当前依然无法线下相聚。不过好在如今网络技术发达，能与老先生保持邮件、网络会议往来。看着视频中的他依然神采奕奕、精神矍铄，让人心生向往。不知我八十岁时会以怎样的精神样貌来对待哲学？但愿能如老先生一般吧！

感谢华东师范大学的刘梁剑教授！刘老师研究领域广泛，我所感兴趣的话题，他几乎都有涉猎。当我心生困惑或一筹莫展之际，便会求教于刘老师，每次都能收获颇丰。此外，刘老师总是站在我的立场为我着想，让人温暖。

感谢湖北大学的李家莲教授！李老师曾受教于斯洛特先生门下，可以算作我的师姐。每次组织伦理学的相关活动时，李老师总会第一时间想到我。关于老先生著述的汉译，李老师也颇有心得，其见解给了我不小启发。

感谢清华大学的李义天教授！来清华后，旁听了李老师的课程与讲座，受益良多。李老师文本功夫扎实，能从字里行间之中读出大乾坤，令人佩服。在就业方面，李老师的建议也很有针对性，让我醍醐灌顶。

感谢北京大学的邓剑兄，在京两年，我们几乎每周都会碰面，探讨各式各样的学术问题。频繁互动保证了我观点与思想的鲜活！感谢华东师范大学林云柯兄，老兄将我引荐给多个学术同共体，使我见识到了多样化的治学风格与学术会传统！感谢华东师范大学的方达兄、高菱兄，以及上海交通大学的戚智轩兄、浙江大学的冯侃兄在学术道路上的讨论与指引！感谢上海大学陈海兄分享课题申请与结项的经验！感谢华东师范大学魏宇兄的解惑！感谢师弟乔珂多次帮我借书还书、交流学习心得，使我获益匪浅！

感谢华东师范大学档案处吴雯老师在我申请国社优博资助时的热情帮助！吴老师为我费心费力地调取资料，相当辛苦。感谢华东师范大学研究生院的肖连奇老师、思勉人文高等研究院的贾静老师、刘小雨老师！无论是在攻读博士期间，还是申请项目阶段，三位老师均给予了我极大的帮助。感谢清华大学哲学系的赵胜男老师和曲冰老师！博士后科研期间，两位老师分别在财务报销和教学事务上替我分忧，确保了我的良好研究环境。

感谢“国家社科基金后期资助暨优秀博士论文出版项目”(21FYB014)、“中国博士后科学基金第 69 批面上资助”(2021M691841)。两个项目的经费支持免去了我不少后顾之忧，助我潜心学术探索。感谢本书的责任编辑韩国茹老师，韩老师校对非常认真负责，使本书的规范性得到了进一步提升。

最后，感谢我的父亲章义和与母亲石云。求学时，不少人称我有家学，对此我曾颇为不满：“父母的科研方向与我不同，并且也未传授哲学知识或‘秘籍’给我，怎么能说我有家学呢？我的成绩显然来自我的努力。”随着阅历的增加，我渐渐意识到父母对学问的虔诚态度以及近乎信仰般的追求，值得我学习一辈子，或许这才是真正的家学吧！能生于这样的家庭，是我的幸运。父母见证了我的成长，也见证了这本书从观念，到草稿，到博论，再到著作的蜕变，我愿意将人生出版的第一本专著，献给我的父母！

章含舟

2022 年 8 月 27 日

于北京清华园